食品科技系列

普通高等教育规划教材

葡萄酒工艺学

朴美子 滕 刚 李静媛 主编

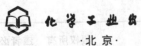

化学工业出版社
·北京·

《葡萄酒工艺学》是编者根据教学、教研成果以及生产实践所编写的一本围绕葡萄酒发酵的综合性书籍，以葡萄酒发酵为主线，针对葡萄酒发酵过程中出现的问题做了系统阐述。

本书力求反映葡萄酒工艺发展的最新动态，将葡萄酒酿造的原料、乙醇发酵、苹果酸-乳酸发酵、葡萄酒新工艺、特种葡萄酒酿制等前沿领域和重点问题都在各章节进行了具体介绍。

《葡萄酒工艺学》主要供高等学校葡萄与葡萄酒工程等相关专业师生使用，也可供从事葡萄酒生产等行业的工作人员使用和参考。

图书在版编目（CIP）数据

葡萄酒工艺学/朴美子，滕刚，李静媛主编.—北京：化学工业出版社，2019.6（2024.9重印）
普通高等教育规划教材
ISBN 978-7-122-34061-0

Ⅰ.①葡⋯　Ⅱ.①朴⋯②滕⋯③李⋯　Ⅲ.①葡萄酒-酿造-高等学校-教材　Ⅳ.①TS262.61

中国版本图书馆 CIP 数据核字（2019）第 044753 号

责任编辑：尤彩霞　赵玉清　　　　　　　　　　文字编辑：焦欣渝
责任校对：边　涛　　　　　　　　　　　　　　装帧设计：关　飞

出版发行：化学工业出版社（北京市东城区青年湖南街 13 号　邮政编码 100011）
印　　装：北京科印技术咨询服务有限公司数码印刷分部
787mm×1092mm　1/16　印张 10½　字数 256 千字　　2024 年 9 月北京第 1 版第 6 次印刷

购书咨询：010-64518888　　　　　　　　　　售后服务：010-64518899
网　　址：http://www.cip.com.cn
凡购买本书，如有缺损质量问题，本社销售中心负责调换。

定　　价：39.00 元

《葡萄酒工艺学》编写人员

主　编：朴美子　滕　刚　李静媛

编　者（按汉语拼音排序）：

程凡升（青岛农业大学）

杜　刚（天津商业大学）

李静媛（青岛农业大学）

李　岩（青岛农业大学）

朴美子（青岛农业大学）

滕　刚（起腾葡萄酒服务工作室）

王　莹（青岛农业大学）

王志群（青岛农业大学）

赵方圆（青岛农业大学）

前言

　　随着社会的进步与发展，葡萄酒已渐渐走进我们的日常生活中，中国葡萄酒产业也随之飞速发展，急需一大批葡萄酒专业技术人才。基于此，本书突出专业的实际需要，以葡萄酒酿造工艺为主线，对葡萄酒历史发展、酿造微生物、酿造流程中容易出现的问题以及解决方案都做了系统的阐述，意在让读者更好地了解葡萄酒生产流程，也更好地让学生在本书的指导下深入学习葡萄酒酿造原理及工艺操作，也为相关专业的学生提供相应的技术指导和理论支持。

　　在编写过程中，力求让本书成为内容较全面、技术较完整、内容较新颖、编写有特色的葡萄酒工艺学教材。编者在科研和生产实践中积累的新经验和新成果，更加充实了本书的内容。

　　本书共12章，第一章由朴美子、王莹编写，第二章、第四章由滕刚编写，第三章由杜刚、赵方圆编写，第五章由王志群编写，第六章、第七章、第八章由李静媛编写，第九章、第十章由程凡升编写，第十一章由赵方圆、李静媛编写，第十二章由李岩编写。朴美子教授在本书的编写框架和思路方面提出了指导意见。

　　由于编者水平有限，书中难免存在疏漏之处，望读者予以批评指正，以便今后不断修改、完善。我们热忱地期待广大青年学生和同行的专家给我们提出宝贵意见。

编者

2019 年 4 月

目 录

第五章　白葡萄酒的酿造工艺 / 77

第六章　桃红葡萄酒的酿造工艺 / 83

第七章　特种葡萄酒的酿造工艺 / 88

第八章　白兰地的酿造工艺 / 103

第十一章　葡萄酒的病害 / 134

第十二章　葡萄酒的封装 / 144

参考文献 / 154

第一章

绪 论

第一节　葡萄酒的起源

多数史学家认为，葡萄酒的酿造起源于古代的波斯（波斯是伊朗的古名）。传说古代有一位波斯国王，爱吃葡萄，曾经将葡萄压紧保存在一个大陶罐里，标明"有毒"，防人偷吃，等到数天以后，王宫中有一个妃子，对生活产生了厌倦，擅自喝了这个"有毒"陶罐内的饮料，感觉滋味非常美好，非但没有结束自己的生命，反而异常兴奋，这个妃子又对生活充满了信心。她盛了一杯专门呈送给国王，国王饮后十分欣赏。从此以后，国王颁布了命令，专门收藏成熟的葡萄，压紧盛在容器内，以便得到该饮料。考古学家在伊朗的发现证实，至少5000年前，那里的人们就开始酿造葡萄酒。考古学家在伊朗北部扎格罗斯山脉的一个石器时代晚期的村庄里（Hajji Firuz Tepe），发现了一所住宅，在该住宅里发现了六个酒罐，经过鉴定揭示了其中还有已经干了的葡萄酒成分。在现代的伊朗和伊拉克境内的诸多发现告诉我们，古老的苏美尔和美索不达米亚地区至少在公元前3500年已经有了活跃的葡萄酒贸易，这远早于希腊甚至埃及。随后酿酒技术由腓尼基人传到了地中海周围的国家及地区。

植物学家发现，埃及的葡萄酒酿造早于希腊。历史学家已经证实在古埃及和中东一些国家之间存在很繁荣的贸易，在埃及酒坛上找到的葡萄酒起源的象形文字可以追溯至公元前3000年，据历史学家考证，这些文字就是葡萄酒商标的第一个版本。

外高加索人是最早种植葡萄的人，古埃及人是最早描述葡萄酿酒技术的人，而古希腊人则是将酿酒和饮酒提高到艺术层次的人。

希腊是欧洲最早开始种植葡萄与酿葡萄酒的国家，一些航海家从尼罗河三角洲带回葡萄和酿酒的技术。葡萄酒不仅是他们文化的基石，同时还是日常生活中的一部分。在古希腊荷马史诗中就有很多关于葡萄酒的描述，《伊利亚特》中葡萄酒常被描绘为黑色，而他对人生实质的理解也表现为一个布满黑葡萄的葡萄园。古希腊爱琴盆地农业十分发达，人们以种植小麦、大麦、油橄榄和葡萄为主。大部分葡萄果实用于酿酒。希腊人有饮用葡萄酒的习惯，酿制的葡萄酒被装在一种特殊的陶罐里，用于储存和贸易，这些地中海沿岸发掘的大量容器足以说明当时的葡萄酒贸易规模和路线，体现出葡萄酒是当时重要的贸易货品。在美锡人时期（公元前1600～1100年），希腊的葡萄种植已经很兴盛，葡萄酒的贸易范围到达埃及、叙利亚、黑海地区、西西里和意大利南部地区。葡萄酒及与其相关的事物还为希腊历史学家、哲学家、画家、雕塑家和诗人提供了丰富的灵感源泉。绝大多数的古希腊葡萄酒来自岛屿，每个岛屿都酿制各具特色的葡萄酒。希腊民族把疆域扩大到地中海沿岸，并将他们的葡萄园和酿造技术几乎带到了他们定居的所有地方，例如伊奥尼亚（Ionia）、马西利亚（Massilia）、尼凯亚（Nikaia）、安蒂努波利斯（Antiopolis）和阿加色（Agathe）。他们还占领了意大利南部和西西里地区，这些葡萄酒产区的建立都要归功于希腊人。在希腊，葡萄酒不仅是贸易的货物，也是希腊宗教仪式的一部分，公元700年前，希腊人就会举行葡萄酒庆典，以表现对神话中酒神的崇拜。对葡萄酒有关的狄俄尼索斯酒神的崇拜礼仪以及葡萄栽培，盛行于整个希腊。

葡萄酒贸易在欧洲广受欢迎长达几个世纪，其中罗马成为贸易的中心，在一些城市，例如庞贝（Pompeii），几乎在每条街道上都会有葡萄酒的货摊。我们要把许多功劳归功于罗马军团，归功于那里的生产者们，是他们把葡萄酒传到了世界各地。罗马人使葡萄酒贸易复兴，如果没有他们，葡萄酒的酿造和饮用就不会被发扬与传承。在罗马时代，葡萄酒也成为社会名流的一种特殊饮品，宴会上的人自由饮用着最昂贵、最稀有的名酒，而平民只能饮用掺了水的葡萄酒。罗马时期知名的欧皮曼酒酿造自欧皮曼（Opimian）大帝开始执政的公元前121年，而在漫长的125年之后还能够品饮，这证明罗马人拥有完备的葡萄酒保存技术和条件，他们并未采用和我们一样的材料，比如玻璃瓶、木桶等保存葡萄酒，而是采用陶制的尖底瓶来保存葡萄酒。

第二节　世界葡萄酒的发展历史与现状

一、葡萄酒的近代发展历史

最早的葡萄园大都位于河谷这种交通要道内，要运送葡萄酒这么重的货物，用河谷里的船运送便是最好的方式。在法国波尔多（Bordeaux）和勃艮第（Burgundy）以及德国摩泽尔（Mosel）特里尔城（Trier）的当地博物馆内还保存着一个满载货物和水手的罗马葡萄酒船的石造模型，这些地区可能一开始都是从意大利和希腊进口葡萄酒的商业中心，然后才开始在当地开创自己的葡萄园。到了公元1世纪，卢瓦尔河（Loire）和莱茵河都已经出现了葡萄园。到了2世纪，勃艮第也开始种植葡萄园。巴黎香槟区（Champagne）及莫索河则从公元4世纪开始出现葡萄园。勃艮第的金丘区是其中运输最不便利的葡萄园，因为没有可以通航的河流经过，但是该地区却位于通往罗马北方特里尔城的要道上，或许是当时很多人看到了商业利益，发现他们选到了一个真正的"黄金山丘"，这些葡萄园基础演化成我们今天看到的法国葡萄酒业。

中世纪后，人们也通过葡萄酒来认同教会，葡萄酒是当时社会的一种奢华享乐。主教堂和教会在当时都拥有或开创了欧洲大部分的顶级葡萄园，当地葡萄酒产业的发展完全是着眼于商业目的，是以市场为目标。当时的教会主导着葡萄酒的工具和技术，葡萄酒的风格和一些我们现在熟悉的葡萄品种从那时候出现。葡萄酒和羊毛是北部欧洲在中世纪时期的两大奢侈品，衣服和葡萄酒的贸易成为致富的商品，特别是在弗兰德斯以及香槟区举办的年度大型市集，甚至能够吸引阿尔卑斯山另一边的商人前来参加。当时的德国人对葡萄酒十分着迷，遇到好年份时，他们会特别打造尺寸巨大的称为"tun"（音似汉语中的tun）的橡木桶，比如海德堡的一只tun木桶，可以装下19000打的葡萄酒（1打指12个）。1224年，法国国王举办了一场称为"葡萄酒战争"的国际品酒会，有来自西班牙、德国、塞浦路斯以及法国各地的 70 种葡萄酒参与竞赛，并由一个英国教士担任评审，最后的胜出者是塞浦路斯的葡萄酒。

　　一直到 17 世纪初，葡萄酒在欧洲都拥有独一无二的位置，是唯一符合卫生要求并且可以保存的饮料。那时葡萄酒并没有竞争者，因为那时城市里没有可直接饮用的水，而没有加入酒花的麦芽酒很快会坏掉，当时也没有像我们现在饮用的烈酒或含咖啡因之类的饮品，欧洲人喝掉的葡萄酒数量多到令人难以想象。那时候人们对葡萄酒的描述通常都强调皇室推荐或神奇的疗效，却很少提到口味和风格。然而到了 17 世纪中期，葡萄酒独大的地位受到了挑战，首先是从美洲引进的巧克力，其次是来自阿拉伯的咖啡，最后是中国的茶。与此同时，荷兰人发展了蒸馏酒的技术与贸易，啤酒花的加入也让麦芽酒变成了稳定的啤酒；而欧洲的一些大城市也开始以水管输入自罗马时期就一直缺少的干净饮用水。葡萄酒产业因此大受威胁。

　　自从罗马时期开始，葡萄酒一直都是装在橡木桶里的，酒瓶（或者叫罐子）都是使用陶土、皮革制成的。一直到 17 世纪初，一些有创新思想的人把玻璃瓶、软木塞和开瓶器拼凑在一起。渐渐地，葡萄酒就被保存在以软木塞封紧的玻璃瓶内，这比放在橡木桶中更有优势（放在橡木桶中一旦开桶，葡萄酒会很快变质）。同时，装在玻璃瓶中的熟成结果也不同，会发出成熟的陈酒香气，耐久存的葡萄酒就此产生，从此，这种葡萄酒就有机会可以卖到原来的两倍或三倍的价格。在 19 世纪早期，勃艮第也开始发生了转变，曾经最流行的伏尔奈（Volnay）和萨维尼（Savigny）两地的细致的红酒逐渐地被发酵更久、颜色更深的耐久存葡萄酒所取代，特别是夜丘区的红酒更是受到欢迎。在勃艮第，黑比诺（Pinot Noir）是最重要的葡萄品种，主宰着勃艮第的葡萄酒，当时香槟区也效仿采用黑比诺。德国最好的葡萄园开始重新种植雷司令（Riesling）品种，但其他产区都在试验找出最佳的品种。由于玻璃瓶的问世，收益最多的葡萄酒是英国人从 17 世纪末就开始喝的浓烈的波特酒（Port）当时英国人偏好法国酒，但是由于英国和法国百年间几乎没有停止过战争，因此葡萄酒被课以极高的税金，而波特酒渐渐成为他们的所爱。

　　在葡萄酒贸易的蓬勃发展下，使得产酒国家当时有相当不健康的高比例经济依赖葡萄酒的生产。1880 年的统计资料显示，意大利当年有超过 80％的人口或多或少是依赖葡萄酒生活的。意大利和西班牙都曾经打造他们最早的现代外销葡萄酒。此时，美国加州正处于第一次葡萄酒大袭击之中，这就是当时几乎肆虐全球的根瘤蚜虫病大灾难，导致几乎每一株葡萄树都要被拔除，犹如葡萄酒世界的末日。随后的理性化种植以及嫁接技术、加强选育品种等做法提供给葡萄酒发展一个绝佳的机会。但是这个过程却缓慢而曲折，致使葡萄酒业出现了几十年的萧条时期，在这个时代背景下，法国政府首度试着要以设立法规的方式建立起一套初期的法定产区制度，葡萄园的风土条件这个概念第一次被系统提出。

　　在 20 世纪时，葡萄酒世界出现了两个革命，一个是科学革命，另一个是工业革命。此时微生物学家路易斯·巴斯德（Louis Pasteur）揭示了发酵过程的神秘面纱，让人们知道发酵过程是可以通过人力控制的。波尔多首开以酿酒学为主题的大学专业，同一时期法国、德国、美国、澳大利亚的大学几乎都开设了葡萄种植研究的相关专业。刚刚建立起来的葡萄酒世界和葡萄酒庄的诸多问题都要靠研究者们去解决。不过一直到 20 世纪 50 年代，当美国挣脱了禁酒令、欧洲从第二次世界大战中恢复过来以后，酒庄、酒厂才恢复了一点生机。现代的葡萄酒世界开始于 20 世纪 60 年代，那时美国和澳大利亚几乎同时出现了许多优秀的葡萄酒厂。

科学是改进产品品质的利器，科技则可以催化需求，酿酒师认为酿酒世界没有办不到的事情。橡木桶是 20 世纪 60 年代的伟大发明，如果谨慎使用橡木桶，可以让葡萄酒表现出不同的风土特色。

21 世纪出现了有史以来最多的优质葡萄酒，除了科学技术的进步以外，全球性的竞争也为 20 世纪末葡萄酒的交流带来了大的飞跃。现代的葡萄酒世界已经鲜有或者完全没有秘密所在，而在过去这却是一个习惯守口如瓶、谨慎保密的世界。令人振奋的是，全球的葡萄酒生产者已经开始正视及关心到底要提供什么样的葡萄酒才能够满足今天的消费者，能够让葡萄酒变得更多样、更美好。

二、葡萄酒的新旧世界

在英国葡萄酒作家 Huge Johnson 的 1971 年第一版著作《The World Atlas of Wine》中，首次将世界上所有的葡萄酒生产国家一分为二，那就是旧世界葡萄酒（Old World）与新世界葡萄酒（New World）。从此以后，新、旧世界就代表了整个葡萄酒行业的两大阵营和风格。根据《葡萄酒百科全书》的划分，"旧世界"泛指法国、意大利、德国、西班牙等欧洲国家；"新世界"包括澳大利亚、新西兰、美国、智利、阿根廷、南非等国。旧世界国家的葡萄酒生产与消费具有悠久的历史和传统，以及严格的等级划分制度和葡萄酒饮用时的种种规则和禁忌，加上浪漫主义的演绎，旧世界葡萄酒往往被赋予了很多贵族文化和情调。在新世界里，葡萄酒具有丰富的产品系列和品种、优良的性价比、更具亲和力的口感等特点，很适合日常简餐或宴客，新世界的崛起令葡萄酒的世界变得更加美丽及多元化。

古希腊和古罗马时期，葡萄酒在欧洲各国获得了广泛的传播与发展，形成了现在我们所说的"葡萄酒的旧世界"。葡萄酒之所以在这些地区获得较早的发展，是因为这里是人类文化起源与发展的重要地区之一，当然更重要的是因为这里的气候特别适合酿酒葡萄的种植——夏末秋初（即酿酒葡萄的成熟季节）具有干燥、晴朗的气候环境，对于酿酒葡萄种植来说至关重要。现在，法国、意大利、西班牙三国葡萄酒生产量几乎占世界葡萄酒生产总量的 60%，与这些国家冬暖夏凉、雨季集中于冬春、而夏秋干燥的气候有很大关系。当地积淀了许多与葡萄酒生产与消费相关的文化成分，葡萄酒已经不单单是一种产品、商品，在很大程度上，葡萄酒成为一种文化与历史传承的载体。永恒的风格与特点，也培养了一代又一代的忠实消费者。直到现在，我们仍然可以感受到 100 余年前级别的存在，还在热衷地传颂着"名庄"的传奇，例如，大家都熟知的法国 1855 年分级的酒庄。

葡萄酒的新世界国家，大都具有类似的发展历史：葡萄酒的生产主要是伴随着欧洲国家在其他各大洲的殖民扩张而产生的，欧洲移民在改造这些新的环境时，也把自己熟悉的传统文化嫁接到这些新的世界。在葡萄酒的新世界国家中，种植葡萄、酿造葡萄酒不过 200 年左右的历史。在这里，通过种植葡萄、酿造葡萄酒的方式与风格能够反映出经营者的来源，他们在种植葡萄、酿造葡萄酒之时融入了思乡的情结。在葡萄酒的新世界国家，由于没有传统的制约，生产者也就具有更广泛的发挥空间。因此，现代工业的新技术在这里很容易被接受，通常没有品种选择的限制，葡萄园中可以进行人工灌溉，酿造的过程中可以采用一些模拟传统技术效果的简易手法。如同当地文化的成型与发展一样，由于没有历史与传统的束缚，只要符合当前人们价值观的，就会很快获得广泛认同，并得以发展。

尽管我们习惯于这样区分葡萄酒的新世界与旧世界，但是更多时候，我们很难将二者完全区分开来。当消费的目的只是为了饮用一种可以配餐的酒精饮料的时候，显然旧世界的葡萄酒承载的内涵过于沉重。当葡萄酒作为一个话题的时候，消费者都期望葡萄酒的内涵更为丰富。这也是新旧世界葡萄酒并存的价值所在。近年来，新旧世界的界限开始模糊了。随着限制酿酒师的分类规则的放宽，旧世界国家的许多人开始尝试新口味和新配方。第12届波尔多国际葡萄酒与烈酒博览会的主题就是"先进世界"（A World Ahead）。那么，谁代表"先进世界"？葡萄酒专家 Chris Boersma 指出：不要让旧世界和新世界互相打架，重要的是品酒人的心情，无论是新的还是旧的，每个人都能找到适合自己的。

三、世界葡萄酒的现状及发展趋势

1. 葡萄栽培概况

种植酿酒葡萄的黄金地带位于北纬30°～50°、南纬30°～40°之间。夏干冬雨型的暖温带地中海型气候最适宜酿酒葡萄的生长。虽然拥有这种气候的陆地只占世界陆地的1.7%，但世界上90%以上的酿酒葡萄园分布在这一区域。国际葡萄与葡萄酒组织（法文名称 Organisation Internationale de la Vigne et du vin，简称 O. I. V）最新数据显示，2000年以前葡萄的种植面积波动较大；2002～2004年趋于平稳，790万公顷（1公顷＝1hm² ＝10⁴ m²）以上；2005年出现下降，约788.9万公顷；从2006年至今，世界酿酒葡萄种植面积减少了3000km²，但葡萄酒产量仍保持原来水平。世界葡萄种植年份变化见图1-1。

图1-1　世界葡萄种植年份变化图

欧洲是世界葡萄主产地，葡萄栽培面积接近世界葡萄总面积的60%，其中90%以上的葡萄用于酿酒。亚洲的葡萄栽培面积接近世界总面积的22%，但大部分不用于酿酒。剩余18%的部分为其他几个洲的葡萄栽培面积，其中接近12%的面积分布在美洲。世界主要葡萄种植国家与地区见表1-1。

表1-1　世界主要葡萄种植国家与地区

国家与地区	2011年面积/万公顷	2012年面积/万公顷	2012年在全球的比重/%
西班牙	103.2	101.8	13.44
法国	80.6	80.0	10.56
意大利	77.6	76.9	10.15
中国	56.0	57.0	7.52

国家与地区	2011 年面积/万公顷	2012 年面积/万公顷	2012 年在全球的比重/%
土耳其	51.5	51.7	6.83
美国	40.7	40.7	5.37
葡萄牙	24.0	23.9	3.16
阿根廷	21.8	22.1	2.92
罗马尼亚	20.4	20.5	2.71
智利	20.0	20.5	2.71
澳大利亚	17.4	16.9	2.23
南非	13.1	13.1	1.73
欧盟	352.1	349.2	46.10
全球	759.2	757.5	100

2. 世界葡萄酒产量及消费

世界葡萄产量的 70%～80% 用于酿酒，有近 70 个国家生产葡萄酒。世界葡萄酒产量 2002 年超过 250 亿升，产量超过 5 亿升的有 12 个国家，超过 10 亿升的有 7 个国家，法国、意大利、西班牙、美国 4 个国家的葡萄酒产量占世界总量的 58.2%。与葡萄产量一样，世界葡萄酒的产量在 20 世纪 80 年代初期达到最高峰，达到 333.6 亿升。近年来，由于受环境、气候和经济危机等因素影响，全球葡萄酒产量有所下降，国际葡萄与葡萄酒组织（OIV）数据表明，2014 年的葡萄酒产量比 2013 年低 6%，但消费量基本稳定。2008 年全球性金融危机造成葡萄酒消费量在其后两年小幅下跌，但 2010 年开始有所恢复，消费量一直稳定在 240 亿升以上。2012 年全球葡萄酒消费量约为 243 亿升。

未来的葡萄酒需求量仍有望保持增长，全球葡萄酒市场将呈现局部不均衡、总体平衡的稳步增长态势，而这一趋势在很大程度上将依靠于中国、印度、俄罗斯、韩国和新加坡等新兴国家葡萄酒消费的快速增长。世界葡萄酒产量年份变化图见图 1-2，2004～2020 年世界葡萄酒产销量情况见图 1-3。

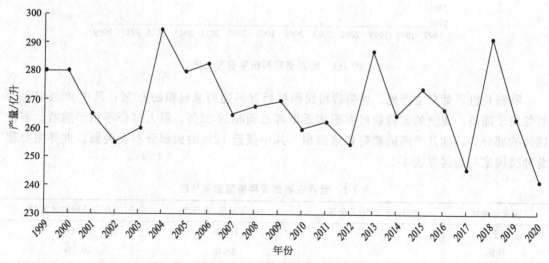

图 1-2　世界葡萄酒产量年份变化图（来源 OIV）

说明：2020 年为预计产量

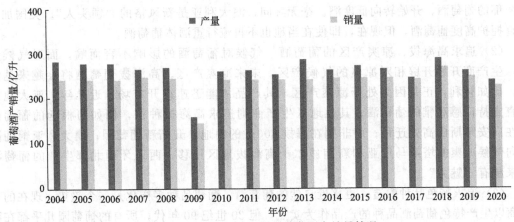

图 1-3　2004～2020 年世界葡萄酒产销量情况

说明：2020 年数据为预计产量

3. 世界葡萄酒贸易

世界葡萄酒贸易经历了不同的发展阶段，由初期的自发贸易，到贸易保护主义，最终进入到适应国际贸易自由化和全球经济一体化趋势走向为特征的多边贸易自由化时代。世界葡萄酒市场自 20 世纪 80 年代末以来一直呈上升趋势。全球葡萄酒贸易量 2003 年达到 73.2 亿升，2004 年达到 77.4 亿升，到了 2014 年达 103.9 亿升。2014 年世界葡萄酒主要出口国见表 1-2。

表 1-2　葡萄酒出口量排名前 10 位的国家

国家	出口量/亿升	国家	出口量/亿升
西班牙	22.6	南非	4.8
意大利	20.5	美国	4.0
法国	14.4	德国	3.9
智利	8.0	葡萄牙	2.9
澳大利亚	7.3	阿根廷	2.6

据联合国粮农组织（Food and Agriculture Organization of United Nations，FAO）统计，目前世界上出口葡萄酒的国家和地区有 115 个以上，出口量在 5 万吨以上的国家有 15 个，10 万吨以上的国家有 10 个。法国、意大利和西班牙三国牢牢占据世界葡萄酒贸易前三强的位置，其出口量动辄以数十亿美元和数十亿升计算。出口量最多的国家是法国和意大利，均在 150 万吨上下。但出口贸易额法国则是意大利的 2.1 倍，达到 48 亿美元，主要原因是法国葡萄酒盛名在外，价格较高。澳大利亚葡萄酒出口量在全球排第五位，约为 8 亿升，随后是南非和美国，分别排在第六位和第七位。

联合国粮农组织的统计显示，目前世界上大约有 185 个国家和地区进口葡萄酒，其中又集中于 12 个特定的国家——七国集团和五个西欧国家。在世界 12 个主要葡萄酒进口国中，德国为第一大葡萄酒进口国，其次是英国，再次是美国，接下来是法国。令人惊奇的是，法国既是葡萄酒出口大国，也是葡萄酒进口大国。欧洲一直都是葡萄酒进口的主要地区，约占全球葡萄酒贸易量的 77%，其次是美国，约占 15%，其他 3 个洲仅占 8%。亚洲葡萄酒进口国家主要是日本、韩国和新加坡。

4. 世界葡萄酒的发展趋势

（1）追求高品质、低度葡萄酒　从葡萄酒风格趋势看，市场将不再流行酒体厚重、橡木味浓郁的葡萄酒，开始转向低度酒。毫无疑问，澳大利亚是新风格的"领头人"。美国加州一直拥护高度葡萄酒，但现在，即使在当地也不再流行重酒体葡萄酒。

（2）追求高海拔、凉爽产区的葡萄酒　气候对葡萄酒的影响不言而喻，面对气候变化，生产商开始开辟相对凉爽的气候产区，未来凉爽产区、高海拔葡萄酒将会越来越流行，比如智利，正是因为处于凉爽产区，其产品才能迅速打开市场。近几年，亚太地区一直支持口感高雅的葡萄酒，其他地区生产商则追求高海拔种植，例如阿根廷的葡萄园正在向安第斯山高处迁移；南非则在海拔 800m 的山地，开拓新葡萄园；澳大利亚葡萄园正向气候凉爽的塔斯马尼亚和新南威尔士高海拔地区迁移；西班牙西北部生产的葡萄酒越来越有"魅力"。

（3）追求特色品种酿造、更接近自然的葡萄酒　葡萄品种多样化是一个趋势。现在的生产商以生产特色葡萄酒品种的产品作为卖点，但 20 世纪 90 年代，所有的葡萄园几乎都在种赤霞珠，间或有些美乐；但是这几年的很多品酒会上，葡萄品种达 40 种，一些古老的、稀少的葡萄酒品种也开始焕发生机。另外，在欧洲以及一些新世界国家，生产商们比以往更尊重大自然，葡萄园使用的农业化肥越来越少，固定灌溉减少，橡木桶使用减少，葡萄园机械化生产增多，更推崇天然酿酒。

（4）有机葡萄酒发展较快　随着人们生活质量的提高及健康意识的增强，有机葡萄酒已发展成为葡萄酒产业新的流行趋势。

第三节　我国葡萄酒的发展历史及现状

一、我国葡萄酒发展历史

1. 起源

我国历史上关于葡萄酒的记载最早见于司马迁的《史记》。张骞出使西域，从当时的大宛国（今中亚塔什干地区）引种葡萄到内地，这说明我国在西汉时期，已从他国学习并掌握了葡萄种植和葡萄酿酒技术。汉代，葡萄酒酿造技术并未传播开来。历史上，我国的葡萄酒，一直是断断续续维持下来的。唐朝诗人王翰的一首《凉州曲》（葡萄美酒夜光杯，欲饮琵琶马上催。醉卧沙场君莫笑，古来征战几人回？）至今仍被世人广为传唱。北宋时期，出现了用葡萄与米混合加曲酿酒的新方法，但真正的葡萄酒酿造法因战乱影响而一度失传。元朝是我国葡萄酒业和葡萄酒文化的繁荣时期，元代葡萄种植区域已遍及今河西走廊、新疆、甘肃、河南、山西等地，葡萄酒品种和产地趋于多样化，葡萄酒消费也开始向平民化延伸。明代葡萄酒不很著名，但这一时期产生了两部总结性著作：徐光启的《农政全书》和李时珍的《本草纲目》，对葡萄栽培和葡萄酒酿制以及功效作了系统总结。清末民初，我国葡萄酒业有了新的转折，种植品种和葡萄酒的品种明显增多，还有多种进口葡萄酒。总之，自汉武帝遣使从小亚细亚引进欧亚种葡萄开始，到清末民初，我国葡萄和葡萄酒业经过了 2000 多年漫长而缓慢的发展，孕育出灿烂的葡萄酒文化，成为中华文化重要的组成部分。

2. 近代葡萄酒工业的建立

1892 年，华侨张弼士在烟台建立了葡萄园和葡萄酒公司——张裕葡萄酒公司，从西方引入了优良的葡萄品种，并引入了机械化的生产方式，储酒容器从瓮改为橡木桶，标志着我国葡萄酒业进入近代意义上的工厂化生产的新阶段。以后，青岛、北京、清徐、吉林长白山地区和通化相继建立了葡萄酒厂，这些酒厂的规模虽然不大，但我国葡萄酒工业的雏形已经形成。只是由于军阀连年混战，再加上帝国主义的摧残和官僚资本的掠夺，作为民族工业的葡萄酒厂在中华人民共和国成立前一直处在奄奄一息的境地。

3. 中华人民共和国成立后葡萄酒产业的发展

中华人民共和国成立后，我国的葡萄酒工业经历了中华人民共和国成立初期的恢复、中期的大规模建设以及改革开放以来取得丰硕成果的曲折发展。葡萄酒行业在初创时期主要是以扩大生产为主，第一个和第二个五年计划期间，相继建设了一批葡萄酒厂和葡萄基地，奠定了新中国葡萄酒业的初步基础。20 世纪 70 年代以后，又相继改建或新建了一批葡萄酒厂，全国县以上的葡萄酒厂增加到 100 多家，葡萄酒的产量由 1949 年的不足 200t，发展到 1978 年的 6.4 万吨。同时在新疆与甘肃的干旱地区、渤海沿岸平原、黄河故道、黄土高原干旱地区及淮河流域、吉林长白山地区建立了葡萄园和葡萄生产基地。十一届三中全会以后，葡萄酒行业发生了巨大的变化。1987 年的全国酿酒工作会议提出了饮料酒发展的四个转变，为葡萄酒的发展创造了机遇。1980 年中法合营王朝葡萄酿酒有限公司以及 1983 年长城葡萄酿酒有限公司的相继成立和飞速发展，再加上张裕葡萄酒公司，在我国葡萄酒行业形成了三足鼎立的局面，三者不仅占领了全国 50% 以上的葡萄酒市场，也使中国的葡萄酒工业在国际舞台上有了自己的一席之地。1988 年葡萄酒产量达到 30.85 万吨的记录。进入 20 世纪 90 年代，我国葡萄酒业进入飞速发展时期，在短短几年的时间里，葡萄酒企业的数量迅速增加，由 1985 年底的 240 多家增至目前的近 600 家，酿酒葡萄基地也由原来的 10 多万亩（1 亩 $=666.67m^2$）发展到目前的 40 多万亩。同时，多元化的投资，大规模的葡萄酒生产企业的建立，也使得中国的葡萄酒行业充满活力。从 1996 年至 2005 年，中国葡萄酒的产量从 17 万吨增长到 43 万吨。从葡萄酒的行业结构看，企业小、生产分散是最突出的特点。全国葡萄酒企业的平均年生产能力还不足 2000t，年产量在 1000t 以下的占 70% 左右，1000～5000t 的企业约占 20%，5000t 以上的企业只有 10%。目前，年产量较高的企业有张裕、长城、王朝、威龙、华夏、丰收、通化等 10 家。中国酿酒工业协会认为，现在我国已形成全汁葡萄酒为主的产品结构，其中干型、半干型葡萄酒已占总量的 50%～60%。在干型酒中，干红葡萄酒约占 80%，干白葡萄酒约占 20%。高档次产品品种日益丰富，除已有国际公认的高档单品种葡萄酒外，高档起泡葡萄酒、年份酒、产地命名酒也相继出现。

二、我国葡萄酒的产区分布概况

2015 年的统计数据显示，我国葡萄栽培总面积约 46.67 万公顷，其中酿酒葡萄占 18% 左右。我国酿酒葡萄的种植主要包括十大产区，与世界上的葡萄产区类似，我国葡萄产区主要集中于北纬 38°～53° 之间的黄金带上，由东向西，梯次布局。这些产区主要有渤海湾产区（包括河北的昌黎、卢龙、抚宁、青龙等，山东的烟台、平度、蓬莱、龙口等市）、延怀河谷产区（包括北京的延庆区，河北的宣化、涿鹿、怀来等）、天津产区（包括天津的蓟州区、滨海新区等）、贺兰山东麓产区（包括宁夏银川、青铜峡、石嘴山等市及红寺堡区等）、黄河故道产区（包括河南的兰考、民权县，安徽的萧县以及苏北地区）、黄土高原产区（山西的太谷、夏县、清徐等）、西南产区（包括云南的弥勒、蒙自、东川和呈贡等）、河西走廊产区（包括甘肃的武威、民勤、古浪、张掖等）、东北产区（包括长白山麓和东北平原）、新疆产区（包括吐鲁番盆地的鄯善、玛纳斯平原和石河子地区等）。这些产区的气候和土壤差异很大，风格迥异。目前，酿酒葡萄品种以红葡萄品种为主，约占 80%；白葡萄品种约占 20%。

赤霞珠栽培面积已超过 30 万亩，是中国第一主栽品种，接下来是蛇龙珠、美乐、霞多丽、贵人香、品丽珠、西拉、黑比诺等。中国主要葡萄产区情况见表 1-3。

表 1-3　中国主要葡萄产区气候特点

项目	特　点
东北产区	气候冰凉、冬季严寒,需重度埋土防寒,活动积温不足、生育期短,只能栽培早、中熟品种
昌黎产区	需要埋土栽培,适合中晚熟酿酒葡萄
天津产区	滨海气候和滨海盐碱土壤矿质丰富,有利于香气形成和其他风味物质的形成
淮涿盆地产区	光照充足,热量适中,昼夜温差大,夏季凉爽,气候干燥,雨量偏少,多丘陵山地,是酿酒葡萄的优良产区之一
胶东半岛产区	由于受海洋的影响,与同纬度的内陆相比,气候温和,夏无酷暑,冬无严寒,无须埋土,各地的小气候和土壤条件的差异较大
黄河故道产区	欧美杂种及部分欧亚品种的适宜栽培区,冬季无须埋土防寒
黄土高原产区	日照充足,昼夜温差大,是生产佐餐葡萄酒及发展晚熟耐储运品种的适宜产区
贺兰山东麓产区	土壤透气性好、有机质含量高,干燥少雨,光照充足,昼夜温差大,是我国优质产区之一
河西走廊产区	葡萄成熟充分、糖酸适中、无病虫害,特色突出
新疆产区	南、北疆纬度及海拔高度上存在巨大差异,欧亚种各品种群的品种和用于各类加工用途的品种在新疆都可以找到生态适宜区
西南产区	气候垂直分布,夏无酷热,冬无严寒,无须埋土防寒,适宜栽培欧美杂种及欧亚种品种

由表 1-3 可知，目前国内的葡萄产区中，胶东半岛产区和新疆产区的葡萄种植面积最大。从产区对应的行政区来看，目前我国葡萄的生产集中分布在胶东、西北、京津冀地区，其中山东、甘肃、宁夏、新疆、河北及北京和天津几个地区的葡萄面积和产量占到全国的80%以上。

"好葡萄酒是种出来的"这一重要观念已被中国各葡萄酒生产基地所公认，各产区地理环境的差异导致葡萄酿酒的风格不同。从地理环境及气候条件对比分析，昌黎属于半湿润大陆性气候，贺兰山东麓属于温带半干旱气候，胶东半岛属于半湿润、暖温带季风大陆性气候，新疆属于温带干旱半干旱气候，这 4 个产区是我国最重要的葡萄酒原料主产地，土质比较相似，以砾石和沙质地为主，其中贺兰山东麓还有独特的灰钙土，土质的多样化使这里培育的葡萄品种是十大产区中最多的，如昌黎的赤霞珠、梅鹿辄、龙眼、霞多丽，贺兰山东麓的赤霞珠、蛇龙珠、美乐、西拉，新疆的品丽珠、霞多丽、贵人香等优良品种。甘肃、新疆和宁夏属于干旱和半干旱气候，日照时间最长，一般在 3000～3500h；年降水量较少，一般在 150～300mm，这对葡萄的生长非常有利，是天然的葡萄天堂。胶东半岛属于半湿润、暖温带季风大陆性气候，葡萄成熟季节降水量多，年降水量 500～700mm，葡萄酸度偏高，糖度偏低，适合晚熟、极晚熟酿酒品种。昌黎活动积温最少，只有 2160℃，不能满足酿酒葡萄对热量的要求。整体而言，东部地区葡萄质量要差于西部地区。从西部酿酒葡萄种植区系统内比较看，自然条件最优越的首推西北地区的宁夏贺兰山东麓产区，活动积温 3100～3500℃，日照 3000～3200h，年降水量 150～200mm，土质以灰钙土为主，沙砾结合型土；其次是甘肃、新疆产区，由于夏季温度过高，日照时间过长，成熟迅速，致使葡萄糖度高、酸度低。而贺兰山东麓产区活动积温充足、日照时间适当、降水量适中、气候冷凉干燥、葡萄品种齐全，适于早中熟葡萄品种。从葡萄的品种看，赤霞珠、蛇龙珠、美乐、霞多丽是中国各大产区比较普遍种植的葡萄品种，比较有特点的品种是云南的玫瑰蜜和东北的山葡萄。

东部的优势在于葡萄产业发展早，资金和技术状况均比较好，人才储备充足，企业运作、宣传和对外交流方面比较成熟。另外，由于物流发达，尤其是渤海湾产区还有着优良的港口，这对将来葡萄酒大量外销奠定了良好的基础。中国中东部兴起的三大葡萄酒品牌（即张裕、长城、王朝），占据了国内葡萄酒市场的大部分份额，利润总额占到全行业的67%。而西部的竞争优势在于自然资源丰富、气候与地理环境优异、种植面积大，是我国的资源富集区，在未来有进一步开发的潜力。新兴的西部产区的面积目前已经占到了全国的一半左右，无论是种植的面积还是葡萄酒的产量都有大幅提高，另外西部的劳动力成本也比东部的低。

随着我国劳动力成本和土地使用成本的增加，葡萄酒产业呈现显著的西移态势，东部一些知名酒厂纷纷在西部地区建立了自己的葡萄基地。如近年来王朝、长城、张裕三大巨头纷纷抢滩宁夏贺兰山东麓产区建设葡萄酒厂或基地。

国际葡萄与葡萄酒组织发布的2014年全球葡萄与葡萄酒现状报告中指出，全球的葡萄种植面积在7573千公顷，其中中国占了833千公顷，占了全球种植的约11%，跃升葡萄种植面积全球第二位，而且是为数不多的近几年葡萄种植面积不断增加的国家，吸引了发布会上几乎所有人的关注。全球葡萄种植面积有55%用于生产葡萄酒，35%用于生产新鲜葡萄，8%用于生产葡萄干，其他用于生产葡萄果汁等。与主流国家不同，中国种植的葡萄85%用于生产鲜食葡萄，只有15%左右用于生产葡萄酒，这与葡萄酒发展史、经济发展程度、环境均有一定关系。

三、我国葡萄酒的生产和消费现状

据国家统计局的数据显示（表1-4），2012年中国葡萄酒的产量达13.82亿升，同比增长16.9%，是全球第六大葡萄酒生产国，排在法国、意大利、西班牙、美国、阿根廷之后。从国内各省市的产量来看，山东省葡萄酒的产量最多，紧随其后的是吉林省、河南省和河北省。据国家统计局统计数据，2014年我国葡萄酒产量11.61亿升，同比增长2.11%。2015年上半年中国葡萄酒产量4.9亿升，同比下降8.53%。

表1-4 2006～2014年中国葡萄酒产量及增长率统计

时间	年度产量/亿升	同比增长/%
2006年	4.95	18.04
2007年	6.65	37.05
2008年	6.98	23.83
2009年	9.6	27.63
2010年	10.89	12.38
2011年	11.57	13.02
2012年	13.82	16.9
2013年	11.78	-14.59
2014年	11.61	2.11
2015年	4.9	-8.53

2015 年上半年各省市葡萄酒产量统计数据见表 1-5。总产量位于前三位的是山东、吉林、河南，三省合计占全国的 67%。

表 1-5　2015 年 1～6 月份全国葡萄酒产量统计

地区	总量/千升	同比增长/%
全国	490538.64	−8.53
北京	4069.98	2.64
天津	10143.20	25.82
河北	36553.49	38.97
山西	2247.81	−13.93
内蒙古	1761.80	−29.27
辽宁	13329.95	−7.04
吉林	85642.00	3.01
黑龙江	9319.00	−30.03
安徽	657.8	175
江西	3310.00	−29.72
山东	181202.04	−0.24
河南	60806.00	9.97
湖北	890.2	13.26
湖南	4396.00	4.05
广西	1060.00	−2.12
四川	692.25	7.66
贵州	230.13	1070.55
云南	4567.00	−22.45
陕西	32600.70	43.01
甘肃	14088.89	−83.42
宁夏	9195.45	10.01
新疆	13774.95	20.79

从葡萄酒的消费上来看，2014 年我国葡萄酒消费量为 15.8 亿升，占全球葡萄酒消费量的 7%，而美国占世界的 13%，法国及意大利紧随其后。从人均消费量看，中国人均葡萄酒消费量仅为 1.24L，远低于日本、新加坡等的人均消费量。不过单从红酒这一品种看，中国有着惊人的表现，据波尔多葡萄酒及烈酒展览会 2014 年 1 月份公布的调查报告显示，2013 年中国红酒消费数量超过法国位列全球第一。2000 年以后，我国葡萄酒行业尚处于发展初期，这一阶段的人均消费量快速提升，且不易受经济波动影响。2002～2012 年中国人均红酒消费量由 0.25L 大幅攀升至 1.31L，即使 2008～2009 年遭遇全球金融危机，我国人均红酒消费量仍由 2007 年的 0.62L 大幅提升至 2009 年的 0.85L。综合全球 28 个葡萄酒生产国和 114 个消费市场的数据，对葡萄酒市场的未来趋势进行预测，中国是目前世界上葡萄酒消费增长最快的国家。

从全国区域划分情况来看，一线城市是葡萄酒消费的主力市场，饮用率呈现快速增长的势头。而在二三线城市，葡萄酒的饮用率增长相对缓慢。这说明一线城市消费者已经逐渐培养起饮用葡萄酒的习惯，葡萄酒正在融入一线城市消费者的生活中，而二三线城市葡萄酒消费尚带有风潮性，市场还不成熟。未来中小城市将成葡萄酒市场的"后起之秀"，同时葡萄酒发展正在从沿海发达地区向内陆地区推进，两者正好碰在一起，内陆地区刚好有这种消费需求。预计未来二三线城市进口葡萄酒的消费量均将有明显上升。

四、我国葡萄酒贸易发展现状

长期以来，我国葡萄酒以满足国内消费为主，葡萄酒进出口贸易呈现较大的逆差。从20 世纪 90 年代初，国内主流葡萄酒生产企业每年都会从国外进口一定数量的葡萄原酒（主要为干红）来与国内原酒进行调配以生产出与自己品牌、口味一致的产品，2005 年来进口量一直维持在 4 万吨左右。中国葡萄酒主要进口国为智利、阿根廷、西班牙、法国、美国等 14 个国家。智利、阿根廷分别是葡萄酒进口量的第一、第二位。而作为葡萄酒大亨的法国，完全可以成为中国葡萄酒行业学习并赶超的对象。2014 年，法国出口葡萄酒价值 77.3 亿欧元，占据该国全年市场总盈利的 30%，葡萄酒行业可以说已成为这个国家的支柱和象征。

随着中国加入世界贸易组织后税率的变化，直接刺激葡萄酒进口量增长。据国家统计局数据显示，2015 年 1~6 月份中国葡萄酒进口量 25.9 万吨，同比增长 42.6%，进口额增速继续提高。

五、我国葡萄酒未来发展趋势

1. 中外葡萄酒市场竞争加剧

现今，进口葡萄酒占到了中国葡萄酒市场 25% 的份额，而且还有进一步扩大的趋势。未来，进口葡萄酒尤其是原瓶进口产品，很有可能将市场份额扩大到 40%，甚至更多。由此我们可以看出，在较长的时间里，中外葡萄酒之间的市场竞争将更为激烈，也将更为有序。

以目前的市场竞争特征来看，进口葡萄酒对市场的夺取已经从原先的产品战、文化培育战扩展到了价格战、渠道战的阶段，并将会逐渐提升到品牌战、资本战的崭新阶段。例如酒美网、酒仙网等垂直型电商平台的涌现将更多具有良好性价比的进口葡萄酒产品引入了中国市场，其中的一个主要竞争手段就是较低的销售价格；拉菲、保乐力加、酩悦等国外巨头纷纷在中国投资建设酒庄，以实现本地化运营的目标；国内各路资本大举参与国外酒庄的收购，并将其产品导入中国市场等。

此外，国产葡萄酒和进口葡萄酒运营商在稳固东部沿海地区与内陆重点区域的基础上，都不约而同地将视线放到了三线、四线市场重点区域。中外葡萄酒之间的全面竞争正如火如荼地展开，在整体消费量稳步增长的同时，为我们上演一出"此消彼长"的市场争夺战。仅从健康消费诉求与购买能力增加两个角度来看，中国市场的葡萄酒消费还有巨大的开发空间。

因此，毋庸置疑的是中国葡萄酒市场的发展趋势是没有问题的。只不过是对中国葡萄酒生产企业与分销渠道成员提出了更高的运营挑战，在中外竞争进入白热化的背景下，国内葡萄酒运营商只有采取有效的应对措施，才能够在整个行业成长的过程中充分收获市场增长的果实。用更具性价比的产品来满足市场的多极化需求，用更为复合的渠道来提高消费者满意度，用更为亲和的品牌属性来与市场沟通，这是中国葡萄酒各类运营商应该具备的营销思维与竞争准备。

需要说明的是，进口葡萄酒的长驱直入并不是真的"狼来了"。相反，更多竞争者对国内消费者的争夺将有利于市场获得更具性价比的产品，还能够促进创新营销理念的产生和创新营销模式的出现。其实，进口葡萄酒市场份额增加的速度与程度，不仅和它孜孜不倦的消费培育与攻势凌厉的市场操作有关，还和国内企业的转型策略与反应速度有关。与其驻足迷茫，不如主动积极地加入国际化的市场竞争中来。最终，充分的市场竞争也必将带来中国葡萄酒运营商竞争能力与竞争优势的提升与飞跃。

2. 国内葡萄酒消费向中端市场转移

从行业长远发展的角度来看，葡萄酒作为酒精饮料的一个重要分支，支撑其消费的还是大众型中端消费。虽然根据消费场所、收入水平、价值认知等变量，我们可以将葡萄酒市场细分为奢侈型、高端、中端和低端市场。但从整体市场消费量来计算，中间大、两头小的市场消费格局应该是最为健康的。

在 2013 年度，葡萄酒在整个酿酒行业中，属于市场表现最差的子品类。全国规模以上企业的葡萄酒年产量出现了 15% 的负增长，销售收入与利润总值同比增长速度为 -8.52% 和 -20.06%。与此同时，进口葡萄酒总量也同比下降 4.46%，但瓶装进口葡萄酒数量却同比增长 5.47%。从以上的数据我们可以看出：一方面，激烈的市场竞争导致葡萄酒终端销售价格走低，影响了国产葡萄酒的业绩表现；另一方面，瓶装进口葡萄酒以较为"亲民"的价格取得了温和的年度增长。在高端消费受压与国外葡萄酒凶猛进入的环境下，寻找中端消费市场的需求支撑就顺理成章地成为国内外葡萄酒运营商争夺中国市场的不二法宝。在国内经济发展向好与消费能力提升的推动下，将会有越来越多的消费者加入到葡萄酒的消费队伍。除了原先的企业高管、演艺明星、葡萄酒爱好者和礼品购买者等主要消费群体，更多的中产消费群体将成为中国葡萄酒市场消费的中流砥柱。也可以这样认为，葡萄酒从先前的商务、政务、时尚等消费诉求向着健康、时尚、社交等消费诉求转变，葡萄酒将逐渐成为更多人餐桌上的"座上宾"。要实现这一跨越的条件就是较低的产品价格、通畅的分销渠道、良好的性价比和满意的消费体验。

以 2013 年度的统计数据来看，葡萄酒在中国酿酒行业产量、销售收入和利润总额仅仅占到 1.57%、4.83%、4.12%。要像啤酒、白酒那样获得广泛的消费基础，离不开普通大众的消费支撑。而关注以中产消费群体为主的市场培育是行业获得下一步迅猛扩张的有效突破口。要迎合这一市场发展趋势，企业就需要更加持续关注与重视消费市场的悉心培育。针对不同消费诉求的顾客群体，有针对性地讲文化、讲产品、讲品牌，将"特别的故事给特别的你"，才能够让已经碎片化的不同群体获得各自需要的文化培育与品牌熏陶。让更多的人认识葡萄酒，懂得葡萄酒才是我们应对行业转型所应具备的营销智慧。

随着中国葡萄酒行业的发展，酒庄、酒窖、会所、专卖店等体验式、平台式的葡萄酒业态将快速成长。中国未来葡萄酒市场的发展将持续繁荣，在这个过程中呈现的局面是"需求旺盛、供给不足"。供给能力就需要类似葡萄酒庄园、欧堡万国酒庄这样高端平台的打造，给喜欢葡萄酒的消费者比较好的体验，真正体会到摄人心魄的、原汁原味的葡萄酒文化。那么从整个中国经济未来发展的过程来看，这样的模式会让葡萄酒文化根植于中国大地，并和中国传统酒文化交相辉映，共同提高我们生活的质量和体验。

第二章

葡萄浆果的成熟及采收

第一节　葡萄浆果的成熟度与品质关系

葡萄酒只能是新鲜葡萄果实或葡萄汁经完全或部分酒精发酵后获得的饮料。葡萄浆果的质量（成熟度）决定着葡萄酒的质量和种类，是影响葡萄酒生产的主要因素之一。好的产区是指能种植成熟度良好的葡萄，并且能生产品质优良的葡萄酒的产区；好的年份是指气候条件有利于葡萄果实充分成熟的年份。

在生产中，可通过控制葡萄的成熟度控制葡萄酒的质量和种类。如在气候较为炎热的地区，由于葡萄果实成熟很快，为了获得平衡、清爽的葡萄酒，应尽量避免葡萄过熟；在有的产区，根据采收时期的早迟，既可生产具有一定酸度、果香味浓的干白葡萄酒，也可生产酸度较低、醇厚饱满的红葡萄酒或具有一定残糖的葡萄酒。

因此，了解葡萄果实的成熟和果实中的成分及其在成熟过程中的变化，即葡萄浆果的生物化学特性，并根据需要进行控制，是保证葡萄酒质量的第一步。

一、葡萄浆果结构

如图 2-1 所示，葡萄的结构包括果梗、果刷、果肉、果皮和种子。

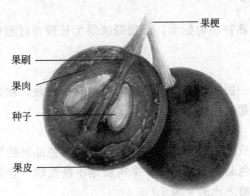

图 2-1　葡萄的结构

1. 果梗和果刷

果梗与果蒂上常有黄褐色的小皮孔，称为疵。其稀密、大小、色泽是品种分类特征之一。果刷，即中央维管束与果粒处分离后的残留部分，果刷的长短与鲜果储运过程中落粒程度有一定的关系，果刷长的一般落粒轻，目前一般用拉力器测果刷坚实程度的数值，以判断其耐储运的程度。果梗中所含单宁收敛性强且较粗糙，常带有刺鼻的草味，通常，酿造之前会先经过去梗的工序。部分酒厂为加强酒的单宁含量，有时也会加进葡萄果梗一起发酵，但葡萄果梗必须非常成熟。除了水和单宁外，葡萄果梗还含有不少钾，具有去酸的功能。果梗和果刷构成了整个浆果的支架，占整个果穗总重的 3％～6％。

2. 果皮

果皮由子房壁的一层表皮厚壁细胞和 10～15 层下表皮细胞组成，上有气孔，木栓化后形成皮孔，叫黑点。大部分品种的外果皮上被有蜡质果粉，有减少水分蒸腾和防止微生物侵入的作用。

果皮占整个果穗总重的 8％左右。果皮颜色主要由果皮中的花色素和叶绿素含量的比例所决定，也与浆果的成熟度、受光程度，以及成熟期大气的温、湿度有关。在外果皮的细胞液中含有各种色素，而且维生素 C 的含量比果肉中多。红葡萄果皮中还含有单宁（占干重的 3％～6％）。葡萄酒中的酚类物质和芳香物质主要来源于果皮。

3. 果肉

果肉为整个浆果的主要部分，占总重的 80％～85％。果肉的颜色大部分为无色，但少数欧洲种及其杂交品种的果汁中含有色素。欧亚种群品种果肉与果皮难以分离，但果肉与种子易分离。美洲种及其杂种具有肉囊，食之柔软。一般优良的酿酒或制汁用的品种，要求有较高的出汁率。果肉中含有有机酸、糖、矿物质、氮化物等，它们都是葡萄酒酿造所需的重要成分。

浆果的颜色和果实的成分与酒的色泽和风味均有密切的关系，黄色与绿色是由于叶黄素、胡萝卜素等的存在和变化而形成；红、紫、蓝、黑等色，是由于花色素的变化所形成。

4. 种子

葡萄种子呈梨形，占果实质量的 3％～5％。种子的外形分腹面和背面。腹面的左右有两道小沟，叫核洼，核洼之间有种脊，为缝合线，其背面中央有合点（维管束通入胚珠的地方），种子的尖端部分为突起的喙（核嘴），是种子发根的部位。葡萄浆果成熟期时种子会呈现木质化，种子中含有劣质单宁，酿造时应避免破坏种子，防止过多单宁融入葡萄酒中。

二、葡萄果实生长发育

以果实外部形态及成熟特性为标准，对葡萄浆果生长发育过程的时期划分与描述，一般分为如下几个发育时期。

1. 绿果期

从坐果到开始成熟这一段时期，果实外观为绿色，果粒硬，糖的水平较低且几乎稳定不变，酸处于高含量状态，葡萄糖的含量大于果糖。

2. 成熟发育期

从转熟期开始到采收成熟期为成熟发育期。此阶段白色品种的果皮绿色不断脱落，出现白色或者黄色，红色和黑色品种不断着色，果肉质地不断变软，含糖量逐渐增高，含酸量逐渐降低。此期葡萄糖与果糖之比通常为 1:1。

3. 采收成熟期

当某一品种果实成分变化达到该品种特定用途的理想状态时，即为采收成熟期。因此，不同品种或不同用途果实采收期显然不同。当某品种到了成熟采收期，其果实就应是具备该品种特定用途的优良品种。采收成熟期不是绝对的，它并不代表果实发育的最后阶段。

4. 过熟期

当果实发育到不能增加其品质，反而是品质有下降的时期为葡萄果实的过熟期。此期糖分不再积累，但酸度继续下降；果粒对机械损伤抵抗力下降，易遭腐败微生物的侵染；浆果水分损失，从而导致果粒皱缩。一些品种在此期落粒现象严重。此期果糖水平增加，而葡萄糖水平有所下降或保持不变。

三、影响葡萄果实成熟的因素

从某种意义上说，果实成熟的过程是浆果物质发生一系列变化的过程。从坐果到采收，果粒的成分一直在发生变化。某些物质，如糖随着果实的发育不断增加；而有些物质，如酸则不断减少。由于浆果物质代谢变化所受的影响因素很多，所以影响果实成熟的因素也是多方面的，可以概括如下。

1. 品种特性

不同品种浆果内各种物质的代谢变化速率不同，特别是早熟与晚熟品种之间差异更大，因此不同品种成熟期差异极大，如极早熟品种从开花到成熟只需积温 1600～2000℃，而晚熟品种则需要积温 3000℃或更高。

2. 气候条件

在气候条件中，以温度的积温因素对果实发育变化速率影响最为显著。在冷凉的气候条件下，热量累积缓慢，所以浆果糖分累积及成熟过程变慢，一般品种的采收期比其正常采收期将推迟；相反，在热的年份采收期将提早。

3. 栽培管理措施

果实负载量是影响果实成熟的最重要因素之一，负载超过树体一般结果量时，将会使成熟期推迟，因而控制合理的果实负载是影响成熟的一项重要管理技术措施。架式及整形方式对成熟的影响也很明显，合理的架式与整形方式，可使叶片光照改善，从而提高光合产物累积，加快果实成熟。另外，当果实达到成熟发育阶段时，一切有助于引起树体减缓生长或停止生长的措施都有利于提早成熟。

4. 病虫害

病虫危害叶片及枝，降低光合作用，阻止营养物质的有效传输，对成熟有抑制作用。另外需特别指出的是，一些病毒病，对果实成熟影响极大，如葡萄感染扇叶病毒后，可延迟成熟 1～4 周，浆果含糖量及品质显著下降。

第二节　葡萄成熟度的确定

一、采样方法

为了掌握葡萄的成熟进程，应对葡萄果实进行采样检测。但是同一时间、同一地点采集的葡萄，其组成常常有很大差异。即使同一串葡萄的不同果粒的成熟进程也并非同步，更不用说不同串上的葡萄了，而不同品种的葡萄之间的差异就更加明显了。因此定期地采摘几串最大、最好的葡萄的采样方法是错误的。如果这样进行采样，那么采集的样品就没有代表性。实际上，采集的样品应反映其糖、酸含量的平均水准，即应具有代表性。

最行之有效的采样方法是在同一块葡萄种植区内，从 250 株葡萄树上采摘 250 个果粒，即每株树上采摘一个果粒。采样时，在两行葡萄之间呈"之"字交替采样，同时既要照顾到葡萄树的朝阳面，又要照顾到其背阳面。总之，要随机采样，而不要有意识地选择采样。用这种方法采摘得到的 250 个果粒就能代表该种植区内葡萄的平均水平。若重复几次同样的操作，大致应能得到相近的结果，即要保证采样的重复性好。

采摘的 250 果粒先将其称重，然后榨汁品尝，检测 Brix（白利度，表示溶液中可溶性固形物质百分含量，单位°Bx，葡萄汁的主要可溶性固形物为糖带入，故又称糖度）、酸度、pH 等，记下数值，并标在一张图表中，表示随着时间的变化葡萄园浆果成熟度的变化，预测合适的采收时间。

二、葡萄成熟度的确定

传统上习惯用含糖量来确定葡萄成熟度，这种方法直接而简单，但并不科学。含糖量与葡萄成熟度有一定相关性，但并不意味着含糖量等同于成熟度。例如，某些地块，当葡萄的含糖量达到 25°Bx［潜在酒度大约为 14%（体积分数）］，而葡萄籽为绿色，品尝时仍有生青味，像这种情况不可以采收。参考最近的研究，综合考虑以下方面，可以更加合理、科学地确定葡萄采收期。

1. 不良特性

葡萄的不良特性是因遭受到细菌、霉菌、昆虫、鸟类、哺乳动物、日灼、泥土等的破坏。这种葡萄会削弱酒的香气、风味和稳定性。

霉菌的分泌物会使葡萄破裂。这些物质会破坏葡萄的抗性分子，而这些对葡萄酒的香气、风味和稳定性尤为重要。例如，灰霉菌会分泌一种称为漆酶的氧化酶，这种酶会破坏花香和柑橘香气，诱发氧化性香气，降低酸度和颜色；酸腐会增加葡萄和酒中的乙酸含量；严重感染白粉病的葡萄，会在酒中出现不良香气。

虫害会加速水分损失，促进真菌感染，发酵时可能产生不良香气。鸟也会对葡萄也会造成相当大的破坏。

日灼、大火烟雾、灰尘和泥土等会导致葡萄酒产生不良风味。葡萄的蜡质层在高温和有利风向条件下，会吸收来自周围大火烟雾、树叶、花朵或植物等的挥发性物质。

采收前有必要确定发病率（%，破坏的果穗数量/抽检葡萄的果穗总数）和每种病害的感病率（%）。

2. 物理性状

葡萄的尺寸差异不能太大，要满足皮汁比的预期值。小果粒非常适合某些红葡萄酒的风格，但果粒过小，出汁率太低，同样不适宜。干瘪的葡萄不适合酿造风格多样的葡萄酒。

人们发现那些浆果坚硬，凝胶状一致的葡萄，遭受过一定程度的水分胁迫。大小不一、成熟度不一致的葡萄，会使酒的香气和风味杂，不纯正。不成熟的葡萄比例高，很可能表明产量过大或果穗着光不均匀。

葡萄的皮汁比决定葡萄酒的潜在品质。红葡萄的皮汁比高，颜色通常较深。葡萄的固形物与汁液比一般为 100～300g/L，这个结果能够快速检测，从而利于葡萄园管理者做出决定，确定采收期和酿酒工艺。

成熟阶段葡萄皮细胞壁失水，含水量降低，浆果变得柔软。这个过程有利于葡萄皮在发酵阶段释放颜色和香气物质，但浆果抗病性会降低，阵雨后也容易裂果。柔软成熟的葡萄很容易从果梗上脱落，果肉多汁且容易与葡萄皮分离。不同品种的果肉汁液率有差异。

（1）汁液过多固形物少，表明葡萄皮的比例太小。此种情况酿酒师可以考虑放汁。

（2）汁液少固形物过多，破碎较难，会有酚类含量过高的风险。此种情况时，采收前的灌溉或许能增加含水量。

皱缩是晚熟的自然现象。晚熟时，水分被束缚在韧皮部的导管束中，水分供应不及从葡萄皮挥发的速度。有时离子不平衡，即使糖分不佳也会出现皱缩。已证明皱缩时糖分和酚类物质（如单宁和色素等）含量的上升会改变香气特性。

3. 甜度

葡萄的含糖量用波美度（°Bé）表示，相当于葡萄酒的潜在酒度。糖分转化为酒精取决于酵母菌株和发酵条件。糖度的变化很容易测出，单独感受甜度不够精确。利用折光仪或比重计可以确定含糖量，因葡萄汁中的糖分约占可溶性固形物的 95%。但需注意的是发霉葡萄的折射率会增加，造成误差，影响糖度的确定。如果观察到糖分不足或过量，采收时采取的相应措施可影响含糖量。

转色后期，由于失水或浆果皱缩，糖分从叶片转移到浆果中，含糖量增加。当葡萄受损、果粒太小、皱缩或遭遇热风时，水分挥发加大，含糖量会异常增加。葡萄极熟及浆果荫蔽、叶片面积小时，糖浓度增速不快。而灌溉或雨后，葡萄皮和植株吸收水分从而降低含糖量。在合适阶段降低单株负载量可以提高含糖量。叶片光合作用良好，糖分运输通畅时，也能提高糖分的增速。但成熟阶段糖分的增加不能直接反映浆果其他特性的成熟状况。

人的舌头有甜味受体，但不能精确辨别糖分甜度的微小差异。甜味受糖酸含量、果味、生青味和果肉质地的影响。品尝环境不同也会产生差异：同一颗葡萄，与未成熟的葡萄对比品尝会觉得甜，而与非常甜的葡萄相比会觉得不甜。

4. 酸度

合适的酸度可以提高葡萄酒的潜力。葡萄的酸度太高，葡萄酒表现不愉悦；酸度太低，葡萄酒表现平平。成熟阶段葡萄的酸度自然降低（主要因苹果酸的降低）。如果酸度降低太多，如热气候消耗了苹果酸，酿造阶段需要补充酸，合适的自然酸度能使品尝口感更佳。

葡萄的可滴定酸表示所有氢离子的总和，包括酸和酸的盐类物质释放出的游离态氢离子，如酒石酸氢钾。酒石酸是葡萄的主要酸之一，转色期（或稍早）酒石酸的总量和浓度都下降，转色结束后酒石酸的总量相对稳定。葡萄变大会降低酒石酸的浓度。苹果酸是另一种主要酸，其中一部分作为葡萄新陈代谢时的底物被消耗。葡萄温度越高（达到最大阈值），代谢越快，苹果酸消耗也越快。在非常温暖的地区，采收时葡萄酸度低，酿造阶段往往需要添加酒石酸来调整酸度。但这种方法不如自然条件下酒石酸和苹果酸的结合。酸度迅速降低往往是果穗曝光受热的一个信号。

5. pH

pH 表示葡萄汁中游离态氢离子的浓度。合适的 pH 可以确保酒的颜色，还能有效控制微生物活性，确保陈酿的稳定性。pH 高说明氢离子浓度低，反之则高（负相关）。pH 微小的变化，意味着游离态氢离子较大的变化（对数关系）。发酵阶段，添加 1g/L 的酒石酸可以使葡萄汁的 pH 降低大约 0.1。pH 看似很小的调整，添加时却需要较多的酸。可滴定酸（TA）不能准确表示 pH，因为可滴定酸测定的是所有氢离子，而不仅仅是游离态氢离子。

有些情况高 pH 与高浓度的钾离子有关，尤其是葡萄皮中的钾离子。有些砧木、土壤和肥料都会提高葡萄的钾离子浓度。

6. 生青味

葡萄的生青味分为两大类。

一类是类似干草或青草类的香气。这种香气来自绿色组织中的液体，咀嚼时被酶氧化，反应产生乙醇或乙醛分子，从而散发出青草气息。例如，咀嚼草叶或葡萄卷须也能嗅到青草味。葡萄中的脂氧合酶含量在成熟过程中降低。葡萄感官评价时，这种香气非常容易检测到，尤其是不成熟的葡萄，在长时间咀嚼后生青味可能会降低。

另一类是类似辣椒、青椒或芦笋类植物的香气，源自甲氧基吡嗪分子。这些物质存在于皮和籽中，随着成熟自然降低。对于黑比诺和霞多丽，达到生理成熟度时这种香气非常弱；而对于赤霞珠、梅鹿辄、长相思和赛美蓉，采收时这种香气仍然明显。而且这些分子不受发酵的影响，如果在葡萄上闻到生青味，无论多久也会在酒中出现，一定浓度的生青味是难得的品种香气特征。采收时，通过栽培管理可能降低生青味，例如土壤及时排水、果穗着光和延迟采收等。

7. 花香

大多数花香属于单萜烯类物质。这类分子非常小，室温下即能挥发到空气中。这些物质主要存在于葡萄皮以及紧挨葡萄皮的果肉中。已证明这些物质还是有效的杀菌剂和抗真菌剂。

葡萄中的花香物质与糖分结合，此时没有气味。在细菌、真菌作用下或受热后，葡萄皮中的糖苷酶分解结合态糖，释放单萜烯，从而挥发产生香气。

发酵阶段，酵母糖苷酶分解单萜烯-糖化合物。这是刚发酵不久的葡萄酒，尤其是一些白葡萄品种（如雷司令和琼瑶浆）有着浓郁花香的原因。一些酒庄在发酵阶段添加合成酶促进葡萄香气的释放。

葡萄的表面可以闻到花香，而发酵阶段香气物质会从发酵容器中挥发掉，不易保留。因此，关键要在单萜烯-糖结合物达到最大值时采收。对于花香型葡萄酒，成熟阶段必须避免高温和真菌侵害。已证明灰霉病会导致单萜烯分解为无味物质。

酸度开始下降时才会出现单萜烯的前体。相对其他香气前体，单萜烯的前体分子小，因此可以得到连续补充。

8. 果香

果香是描述葡萄酒特点的重要内容。目前主要有四种果香，再加上其他香气和风味，使每个品种独具个性。这里只讨论最常见的几种果香。

第一种果香由柑橘类香气的单萜物质组成。如果葡萄每周间隔采收，会发现柑橘类香气比花香出现得稍晚些。

第二种香气由葡萄皮叶绿体的类胡萝卜素合成。

葡萄暴露在阳光下，仅当类胡萝卜素数量充足且绿色未成熟时，其香气前体可当作叶绿体的"防晒霜"。转色后叶绿体死亡，葡萄变为金黄色或红色，不再产生新的类胡萝卜素。类胡萝卜素转变为香气前体需要一定的光照，但紫外线和过高的热量会消耗这些物质。

第三种果香由酯类和类似的多碳结构合成，例如香蕉、梨和红色浆果（如草莓和黑莓等）香气。这类香气只能由酵母将无气味的前体物质转化而得，因此很难采用感官方法进行检测。葡萄皮在罐里发酵一段时间会产生这种果香物质。

第四种香气来源于硫元素。发酵时酵母将产生这些具有香气的含硫化合物。果实中香气物质与半胱氨酸（不是糖分）结合，表现无味，在人的口中不能被分解，发酵时酵母中的半胱氨酸裂解酶将这些物质转化为香气。若香气物质不与铜结合，在酒中则会表现出迷人的菠萝和葡萄柚香气。

香气物质在浆果上产生，而非叶片转运所得。与糖分的情况相反，转色期降低产量不会增加葡萄的香气浓度。由于产量降低，可能会加速葡萄的成熟，最终使采收提前。温暖条件下较早采收，果香较弱。

9. 颜色

白葡萄酒颜色金黄，红葡萄酒颜色深红，颜色诱人但不等于酒品质优秀。

白葡萄在转色后，大多数叶绿体失去功能，类胡萝卜素可见，因此葡萄呈金黄色。葡萄颜色从绿色缓慢变为金黄色，表明成熟度在增加；从金黄色变为褐色，表明遭受日灼。日灼会破坏类胡萝卜素和一些果香的潜力，还可能产生焦糖香气。

红葡萄酒的颜色来自花色素。花色素是多酚物质的一种，主要存在于葡萄皮中（除红色果肉品种外）。葡萄果粒小，皮肉比高，单位体积葡萄皮比例大，因此葡萄酒的潜在颜色多。栽培管理上可生产小果粒的红葡萄，例如开花后定期节水灌溉。

葡萄中的成熟激素（脱落酸）达到一定水平生成色素物质。需要多个步骤才能生成与颜色有关的酚类物质，同时还与其他酚类物质产生竞争。高温强光环境下，色酚较少而防晒酚醛较多（如槲皮素）。较长时间35℃以上的温度，即使存在防晒分子，颜色也会降低。

颜色物质浓度低，可能是叶片被遮成产量过高导致成熟度不佳造成的。人眼看不到葡萄内表皮细胞层的颜色，因此无法判断葡萄酒的颜色潜力。可以使用酒精萃取颜色物质，再通过分光光度法（或近红外光谱）混合取样，从而检测颜色潜力。后者需要昂贵的仪器，优点是速度快。在确定葡萄皮颜色物质浓度与葡萄酒质量关系的同时，需要考虑品种差异。

10. 酚类含量

不少研究发现，红葡萄酒存在大量柔顺细腻的酚类，品尝时能得高分，且具有良好的储存潜力，而大量涩味多酚可以破坏任何酒的潜力。

葡萄的酚类物质是植株天然抵御病虫害的组成部分。酚类物质还作为自由基清除剂，能够应对化学、热量和光照损伤。在红葡萄酒发酵阶段可以萃取各种酚类物质。不成熟的葡萄皮和葡萄籽、压榨或发酵阶段存在的大量果梗，都会强烈影响葡萄酒的口感。

转色前的2～3周，酚类物质快速增加。从这时开始，生长条件对葡萄酒酚类物质的影响十分关键，尤其是葡萄皮的酚类物质。

葡萄皮：葡萄成熟阶段后期，葡萄皮中的物质开始裂解。

葡萄籽：葡萄成熟阶段，葡萄籽的酚类物质逐渐聚合为大分子物质，多酚萃取能力降低。

咀嚼葡萄皮或葡萄籽时，酚类物质与唾液蛋白形成复合物。酚类与蛋白质大量结合，唾液黏度大大降低，口中的摩擦感增强。

多酚含量评价：

(1) 舌头与上颚间的摩擦感。多酚含量越高，摩擦感越强。

(2) 对于葡萄皮，摩擦感强表明葡萄成熟度高，葡萄皮释放的多酚物质多。

(3) 对于葡萄籽，期望通过成熟过程减弱摩擦感。

11. 酚类质量

转色后，葡萄皮和葡萄籽中的单体酚（单分子）在葡萄和酒中可能带苦涩味。单体酚不断结合，形成更大的聚合物（单宁）。单体酚还会与蛋白质和多糖等结合，从而降低苦味，改善口感。

品尝葡萄时出现苦涩味表明成熟度不理想，通常建议延迟采收以柔化酚类口感。而在一些温暖地区，晚采收可能会导致糖分过多，酸度不足。

生长条件对葡萄中酚类物质苦涩味的影响目前仍在研究中。到目前为止，根部浸水、冷气候、果穗避光、水分胁迫和长期极端高温，都可能使葡萄产生过多苦涩味。

酚类质量评价：

（1）重新分泌唾液所需时间。苦涩味强，干涩感持续时间长。

（2）成熟度越好的葡萄苦涩味越少，有着"细腻颗粒"的口感。

（3）对于葡萄皮，涩味随葡萄成熟而降低，口感更加柔顺。

（4）对于葡萄籽，涩味随葡萄成熟而降低。

第三节　葡萄采收方法

当酿酒师确定葡萄的成熟度已经达到要求时，就会安排人员进行采收。因为葡萄园地块、葡萄品种、葡萄酒风格、成熟度不同，酿酒师会要求分批采收。天气预报是酿酒师必备的"工具"，临近采收期时查看未来一周的天气预报是酿酒师重要的工作之一。每个酿酒师都希望葡萄尽可能达到最优质量时再采收，但天有不测风云，有可能会遇到风雨冰雹等恶劣天气，所以酿酒师可能会选择提前采收，以防葡萄病害，造成葡萄园损失。葡萄的采收主要有两种方式：人工采收和机器采收。这两种采收方式是目前应用最广泛的采收方式，它们各有优缺点。

一、葡萄人工采收

人工收获葡萄自古以来都是最好的采收方式，如图 2-2 所示，因为该方式对葡萄伤害最小，而且可以根据葡萄成熟程度分批采摘，比如昂贵的贵腐葡萄，都是只采摘贵腐最严重的葡萄，不满足要求的则等待进一步的贵腐化以后再采摘，用机器是无法做到这一点的。优质的葡萄常常采用人工采收方式，最后得到的葡萄酒也会有较高的品质。人工采收时葡萄梗会被保留，这些葡萄梗可以使生产出来的葡萄果汁更加清澈。而对于生产白葡萄酒的工艺，在部分地区，挤压整串葡萄可提供单宁。

图 2-2　人工采收

在所有地方都可以进行人工采收。但是采用人工采收需要短期内雇佣大量的采收工人，这样就会大大提高生产成本，降低采收效率，延长采收周期。另外，气候的变化，加上采收周期的延长对葡萄的品质造成了一定的影响，导致了葡萄酒的品质下降，影响了效益。

二、机器采收

机器采收最大的优点就是采收效率高，可以在短期内把葡萄全部收完，如图 2-3 所示。如遇到恶劣天气或需要特殊采收的情况下，机器可以昼夜不停地工作，还可以在较低的温度下将葡萄果实直接送到酒厂。这对于要在低温下进行采收的地区来说，既省钱又省力，而且还可以保护果实中的香气物质没有因为氧化而被损失掉。

图 2-3 机器采收

但是机器采收对地形是有要求的，如果地势太陡，采收机器根本上不去，一些坡地上的葡萄园就无法采用这种方式。另外，机器作业往往力量过大，很容易损伤葡萄和葡萄藤，所以精品老藤葡萄是不会使用机器采收的。机器采收是通过摇晃树干收集掉落下来的葡萄，但这种方式不能对葡萄进行筛选，往往叶片、昆虫及其他污染物也会混入其中。

对于大规模的葡萄采摘，为了适应工业化生产，建议使用机械化采收方式；而对于小规模、高品质葡萄酒的生产，建议采用人工采收的方法。总之，随着科技的发展，两种方法存在的缺点将会得到改良，机器采收将成为主流，人工采收将作为陈酿的良方留存。现在，根据实际情况，因地制宜选择合适的采收方式才是葡萄酒产业的发展之路。

第四节　生产车间、设备的清洗与消毒

一、污物

1. 污物的来源

葡萄酒厂污物大致可分为矿物污垢和有机污垢，多数情况污物都为复合污垢，即由微生物与矿物质或有机物构成。矿物污垢主要是在发酵及葡萄酒冷却后沉淀的酒石酸氢钾；有机污垢主要为葡萄汁或葡萄酒的干物质和微生物，如色素、单宁、蛋白质、有机酸、碳水化合物和微生物（包括酵母、乳酸菌、醋酸菌及霉菌等）；其他污垢主要来源于葡萄汁和葡萄酒以外的污垢，包括泥土、源于机械的油脂、去污剂和消毒剂的残留物等。

2. 污染微生物

引起葡萄酒变质的主要微生物有霉菌、酵母、醋酸菌和乳酸菌。对微生物主要特性的了解，可以帮助制定卫生方案和措施。霉菌可在未发酵的葡萄汁表面、墙壁及设备上形成膜，散发出难闻气味，并加速表面的腐蚀。通常不会引起葡萄酒污染。酵母、醋酸菌可在葡萄酒表面形成膜，或引起葡萄酒的浑浊、沉淀。乳酸菌只引起葡萄酒的浑浊、沉淀。

3. 侵染源

发酵容器及酿造设备是葡萄汁或葡萄酒的主要微生物侵染源。此外，在原料收购季节，车间内输送的葡萄汁，不仅会侵染酿酒设备，还会由于溅出而侵染空气、地面、墙壁及天花板等。甚至在车间空气中，除灰尘外，还带有大量的微生物，特别是容易引起再次侵染的细菌、酵母和霉菌。这些主要源于发酵场所溅、溢出的葡萄汁及工作人员带入。

二、消毒

1. 定义

通过消毒可以大量降低病害微生物或影响质量的微生物的群体数量，其作用是暂时。去除或杀死微生物。消毒只能在清洗和冲洗后进行，并且只能在设备使用前进行。消毒仅针对设备而言；而灭菌是指杀死所有的微生物，既可针对设备，也可针对产品。

2. 常用清洗消毒物品

（1）碘伏　碘伏是单质碘与聚乙烯吡咯烷酮（povidone）的不定型结合物。聚乙烯吡咯烷酮可溶解分散 9%～12% 的碘，此时呈现紫黑色液体。碘伏具有广谱杀菌作用，可杀灭细菌繁殖体、芽孢、真菌、原虫和部分病毒。碘伏在酒厂通常用于皮垫等消毒，需用 30 倍的水稀释，浸泡 5～10min，因为其稀释溶液性质不稳定，应现用现配。

（2）NaOH　NaOH 不仅用作清洗剂，也用作消毒剂。1% 的 NaOH 溶液作用 45min 会杀死所有细菌；2.5% 的 NaOH 溶液作用 3h 会杀死芽孢。如果加入 2% 的 Na_2CO_3 会更有效，但其要求接触的时间很长且很难冲洗（可用柠檬酸溶液助洗）。

（3）柠檬酸　柠檬酸是一种重要的有机酸，结晶时控制适宜的温度可获得无水柠檬酸，在酒厂中通常作为酸性物质中和 NaOH 清洗残液。

（4）乙醇　无水乙醇的杀菌力很低，70% 的乙醇杀菌力最强，10%～20% 的乙醇无杀菌作用。通常 70% 乙醇用于皮肤消毒，其强的杀菌力在于乙醇侵入菌体细胞，解脱蛋白质表面的水膜，使它失去活性，引起代谢障碍，同时破坏蛋白质肽键而使之变性。

（5）硫黄　市售土硫黄具有强的杀菌作用。硫黄燃烧形成的 SO_2，遇水生成亚硫酸，使细胞脱氧而死亡。通常酒厂用硫黄熏桶和生产车间进行消毒。

三、操作

以下所述碱水为 2%～5%NaOH 溶液，酸水为 2% 柠檬酸溶液，亚硫酸水为 6% 亚硫酸 300 倍稀释液，碱水清洗时接触时间不少于 15min。

1.厂房的清洗与消毒

（1）生产性厂房的地面应每天用高压水枪冲洗。

（2）对于墙壁、天花板，如果其表面光滑，则可用水冲洗。

（3）保持良好的通风条件，以保持地面和葡萄酒容器表面的干燥，也可作为防止微生物滋生的有效措施。

（4）对于墙壁和垂直表面的杀菌处理，可先用石灰浆（1kg石灰配10L水）喷雾，也可在石灰浆中加入15～20g/L的硫，几小时后再用硫酸铜水溶液（50mg/L）喷雾。

2.酿酒设备的清洗

（1）采收机　在每次采收停机后，都应用高压水进行冲洗，以清除葡萄及叶片和它们的残屑，同时防止滚筒等部件挂淤。

（2）小型采收用具　对所有箱、筐等每天应用高压水冲洗1～2次，以去除葡萄汁及其他脏物（包括枝叶、泥土等），冲洗后应沥干。

（3）周转容器　应每天用高压水冲洗周转容器，并刷洗、沥干、定期消毒。

（4）原料泵　应选用便于拆卸和清洗的原料泵。在每次停机后，应将其拆卸并清洗干净；在安装后，应将其排放口打开，使其沥干；在使用前，再行冲洗—消毒—闭路清洗（泵及管道）。在使用完后，应及时对泵及管道进行"清水—碱水—清水—酸水—清水"清洗。软管应吊起来使其沥干。

（5）取汁设备　取汁设备包括破碎-除梗机及压榨机，通常很难清洗。对它们每次使用前都要进行"清水—碱水—清水—酸水—清水"清洗，以防有微生物滋生。

（6）发酵罐和管道系统（包括管道接头）　葡萄汁入罐前应对发酵罐和管道系统进行清洗，流程为：清理不锈钢罐内的酒石酸盐等杂物→清水冲洗干净→氢氧化钠溶液循环清洗→清水冲洗干净→柠檬酸溶液循环清洗→清水循环冲洗干净→水管冲洗罐体内部和外部→沥干→用干净毛巾擦罐底。

另外，罐体的取样阀、清汁阀、液位阀需拆下并浸泡至碱溶液中，用毛刷刷干净。垫片用碘伏浸泡后晾干。

3.采收或发酵后的设备清洗

在采收结束后，应将所有设备进行拆卸、清洗，对一些部件应上油，并采取一系列的保护措施，防止在不用的时候落灰、被腐蚀等。

第三章

葡萄酒酿造原理

第一节　葡萄酒主要微生物

一、酵母菌

对于葡萄酒的生产，酵母菌（yeast）是最重要的一种微生物，如果没有酵母菌，生产优质葡萄酒几乎是不可能的。对葡萄表面的微生物直接进行核酸分析，可以鉴别出22个属52种酵母，如酒香酵母、念珠菌、隐球酵母、德巴利酵母、克鲁维酵母、梅奇酵母、毕赤酵母、红酵母、酿酒酵母等。除了酵母属酵母之外，许多其他种属的酵母也会影响葡萄酒的质量。

在厌氧条件下，葡萄汁的低pH值、高含糖量以及酚类化合物的存在形成酵母菌最初的生长环境。酵母的代谢活动对葡萄酒的成分有着深远的影响，例如影响其香气和风味。事实上，一些葡萄酒的风格取决于特定酵母的特殊代谢物以及特性组成。这些酵母可能来自葡萄园的葡萄，或昆虫媒介，如果蝇、蜜蜂、黄蜂。一般情况下，在没有破损的葡萄浆果中，酵母的数目可达到$10^3 \sim 10^5$ CFU/mL。从天然葡萄浆果中分离的最常见的酵母是柠檬克勒克酵母，约占总酵母菌群的50%。

（一）酵母形态与繁殖

酵母细胞的形态与培养技术及所处生长周期的不同阶段息息相关。将分离的菌落转移至营养肉汤培养基，在25℃培养至形成菌落（约72h），然后用显微镜观察酵母形态。一般来说，大多数酵母生长需要2～4d，而有的酵母则需要更长的时间（10～14d）。在琼脂培养基上生长时，比较小的、针尖状、透明的菌落一般为细菌菌落，而酵母菌株通常会呈现较大的、不透明的、奶油色菌落。此外，子囊孢子的缺失或存在也是鉴定识别酵母菌的重要信息。

按细胞长与宽的比例，可将酵母分为三类：

（1）第一类细胞多为圆形、卵圆形或卵形（细胞长/宽<2），主要用于酒精发酵、酿造饮料酒和面包生产。

（2）第二类细胞形状以卵形和长卵形为主，也有圆形或短卵形（细胞长/宽≈2）。这类酵母主要用于酿造葡萄酒和果酒，也可用于啤酒、蒸馏酒和酵母生产。

（3）第三类细胞为长圆形（细胞长/宽＞2）。这类酵母比较耐高渗透压和高浓度盐，适合用于以甘蔗糖蜜为原料生产酒精的过程。

许多葡萄酒酿造者凭借酵母菌的形态学或其他方面的特征对它们进行分组。与葡萄酒酿造有关的酵母分属于酒香酵母属、裂殖酵母属、克勒克酵母属、毕赤酵母属、类酵母属、有孢汉逊酵母属、德巴利酵母属、梅奇酵母属、酿酒酵母属、接合酵母属等，其中以酿酒酵母属最为重要。除了酿酒酵母属，酵母种属中其他酵母均为非酿酒酵母。

酵母菌的繁殖主要是有性繁殖和无性繁殖，以无性繁殖为主。有性繁殖是通过形成子囊孢子进行繁殖。无性繁殖包括芽殖、裂殖及产无性孢子，其中芽殖是酵母菌最主要的繁殖方式，只有少数酵母菌以二分裂方式进行繁殖，如裂殖酵母属酵母。

（二）自然发酵过程中酵母菌种类的变化

1. 乙醇发酵期

葡萄酒酿造是微生物作用的一个连续发展的过程，不同的酵母菌种在不同的阶段产生作用，好像"接力"一样。一旦葡萄被压碎，在发酵的早期阶段，非酿酒酵母增殖并且种群数量迅速达到峰值，数量可以高达 $10^6 \sim 10^8$ CFU/mL。大量的非酿酒酵母触发乙醇发酵——主要是非产孢酵母的活动，如克勒克酵母属的柠檬克勒克酵母和圆酵母属的球拟酵母。与酿酒酵母相比，大多数非酿酒酵母具有较低的乙醇耐受能力。因此，当乙醇浓度达到5％～6％（体积分数）时会观察到非酿酒酵母死亡现象。随着非酿酒酵母种群数目的下降，酿酒酵母将主导并完成乙醇发酵，菌体数量最高可达到 10^7 CFU/mL。通常情况下，当菌体数达到峰值时至少一半的可发酵糖已被利用。酿酒酵母将继续利用剩余的糖，特别是葡萄糖和果糖，直到利用完毕（剩余可发酵糖≤0.2％）。利用这一点，许多酿酒师在葡萄汁中接种商业酿酒酵母来控制发酵。

2. 陈酿期

酒窖陈酿葡萄酒中酵母菌种的分布包括德克/酒香酵母、产膜酵母和接合酵母等，这些菌种均可导致严重的葡萄酒变质。例如，酒香酵母是通过感染软管、水箱，或通过其他设备进入葡萄酒酿酒厂并蔓延开来。在葡萄酒中，即便是极低浓度的残留糖（0.275g/L的葡萄糖、果糖、半乳糖和海藻糖）也足够支持这种腐败酵母增长，并影响葡萄酒的风味。另外，乙醇和苹果酸-乳酸发酵（MLF，简称苹乳发酵）完成后，乳酸菌也可能生长并导致葡萄酒变质。葡萄酒通常含有少量的阿拉伯糖、葡萄糖、果糖和海藻糖，这些糖可被乳酸菌代谢利用，导致葡萄酒浑浊、胀气及产生过量的乙酸和其他挥发酸，出现丙烯醛等问题，以及造成生物胺、双乙酰过量。

（三）优良酿酒酵母具备的特点

除葡萄本身的果香外，酵母也会产生良好的果香与酒香；能将葡萄汁中所含糖完全降解，残糖在4g/L以下；具有较高的对 SO_2 的耐受力；具有较好的发酵能力，可使乙醇含量达到16％以上；具有较好的凝聚力和较快的沉降速度；能在低温（15℃）或适宜温度下发酵，以保持果香和新鲜清爽的口味。

（四）酵母菌的成分及营养需求

1. 酵母菌的成分

在构成酵母菌细胞的成分中，水占75％，干物质占25％，其中干物质包括碳水化合物、含氮化合物、酯类和矿物质（磷、钾）。因此，酵母菌的生长繁殖需要水、碳水化合物、含氮物质和无机盐等。另外，酵母菌细胞中含有的各种酶可以催化酵母菌生长所需的各种生化反应，各种酶主要包括脱氢酶、脱羧酶和转化酶等。

2. 酵母菌的营养需求

与其他微生物一样，酵母菌需要大量的营养物质，包括氮、碳水化合物、氧以及各种生长和存活因子（如维生素和矿物质）。酿酒师的工作是优化这些条件，有利于发酵酵母的增长，完成乙醇发酵，同时避免形成不良气味。

（1）氮　葡萄汁中含氮化合物的浓度和成分，在微生物参与的发酵过程中起着至关重要的作用。酿酒酵母将利用葡萄汁中除了脯氨酸之外的大部分氨基酸（肽和蛋白质不发挥明显的作用）。在葡萄和葡萄汁中的含氮化合物由于酵母菌的利用处于变化的状态。以铵盐（NH_4^+）和游离 α-氨基酸形式存在的含氮化合物统称为"酵母可同化氮"。一些研究者指出，酵母菌完成乙醇发酵所需的可同化氮浓度为 $100\sim150mg/L$。当浓度低于该值时，应对葡萄汁进行可同化氮素添加处理，使其含量达到 $250\sim300mg/L$。葡萄汁中酵母可吸收氮的浓度具有一定的葡萄园的特异性，与气候和土壤类型、不同葡萄品种、根茎、施肥和灌溉、成熟程度以及微生物的恶化程度有关。

在发酵过程中尿素历来被用作氮源进行补充，但因尿素参与氨基甲酸乙酯的形成，许多国家不再批准使用，现在普遍添加的是磷酸氢二铵。一般延迟 48h（红葡萄酒发酵）和 72h（白葡萄酒接种后发酵）加氮。在发酵后期应避免加入铵，因为其在这一阶段不被消耗，而过量的铵在葡萄酒中可能会导致发酵后腐败微生物的生长。

（2）碳水化合物　酵母同化基质中的碳水化合物以获得所需的能量，主要有两种作用方式，即有氧条件下的呼吸作用和无氧条件下的发酵作用。酵母菌只能直接利用己糖（葡萄糖和果糖），蔗糖则要先经过转化酶分解成己糖后，才能被酵母同化。当基质中不再含有营养物质时，它可以通过自溶现象利用自身物质继续生存。

（3）氧　与氮相似，不同酿酒酵母对氧的需求量不同。虽然酿酒酵母能够在厌氧条件下生存及生长，但在没有氧气的情况下生存能力有限。氧气对于某些代谢物的合成来说是必需的，特别是羊毛甾醇、麦角甾醇和不饱和脂肪酰基辅酶 A，它们统称为"存活因子"。添加麦角甾醇到澄清的葡萄汁中能够促进乙醇发酵的完成。植物甾醇可提高膜的渗透性，并且能够增强酵母生存能力，延长发酵活性。由于氧的存在，甾醇也影响挥发性气味和风味化合物的合成。在发酵期间，添加酵母皮到发酵汁中是获得存活因子的一种方式。一些葡萄品种果皮中的齐墩果酸占到表皮蜡质的 2/3，能够取代在厌氧条件下酵母对麦角甾醇的需求量。大多数非酿酒酵母属酵母比酿酒酵母属酵母对氧有更大的需求，这些微生物通常生长在葡萄酒的表面。

（4）生长和存活因子　酿酒酵母（干重）含有 3%～5%磷酸盐，2.5%钾，0.3%～0.4%镁，0.5%硫，以及微量的钙、氯、铜、铁、锌和锰。酵母的生长必须在有磷酸盐的环境中，并存在核酸、磷脂、三磷酸腺苷（ATP）及其他化合物。钾对磷酸盐的摄取起到重要作用，乙醇发酵变缓慢可能与此元素的缺乏有关。酵母的生长还需要其他矿物质，它们在发酵酿酒期间发挥不同的作用，但主要是作为酶的激活剂。

除了矿物质之外，酵母菌需要各种维生素，例如硫胺素、核黄素、泛酸、维生素 B_6、烟酰胺、生物素和肌醇。这些维生素是否需要，取决于物种和特殊的生长条件。一般来说，几乎酵母属所有的菌株都需要生物素和泛酸，有些还需要肌醇和硫胺素。生物素参与丙酮酸的羧化以及核酸、蛋白质和脂肪酸的合成。泛酸是辅酶 A 的重要组成部分，若缺乏会导致

H_2S 生成。硫胺素可能不需要添加，因为许多酵母菌株能自我合成。另外，二氧化硫可导致硫胺素分解，使其不能够被利用。烟酸可用于合成 NAD^+ 和 $NADP^+$，及合成细胞分裂所必需的肌醇。

（五）代谢

1. 葡萄糖代谢

酵母代谢糖类（例如葡萄糖）来产生能量，能量以 ATP 的形式存在。当 ATP 水解产生 ADP（腺苷二磷酸）和 PI（无机磷）时，这些释放的能量用于细胞的各种反应和转运。一个葡萄糖通过 EMP 途径（糖酵解途径）经 3-磷酸甘油醛和磷酸二羟丙酮最终产生两个三碳化合物，即丙酮酸。在厌氧条件下，丙酮酸经过脱羧最终形成 CO_2 和乙醇。同时，每分子葡萄糖经糖酵解代谢产生 ATP 和辅酶（NADH）。

在一定的条件下，糖酵解过程中形成的二羟丙酮可经过 3-磷酸甘油被还原成甘油，这一过程中 NADH 同时被氧化为 NAD^+。在发酵条件下，当 NAD^+ 在细胞内的供给短缺时，这种反应是重要的。同时，甘油的形成有利于避免乙醛转化为乙醇并形成 CO_2。在好氧条件下，通过糖酵解所产生的丙酮酸进入三羧酸循环，每分子葡萄糖将净产生 38 个 ATP。这一路径对于酵母属发酵过程来说是非常重要的，因为 NADH 可以被氧化并且合成其他的前体物质。根据细胞的状态，无论是"还原"（发酵）还是"氧化"（呼吸）的路径都是活跃的，产生不同的最终产品。

2. 硫代谢

酵母需要硫来合成含硫氨基酸和其他重要的代谢产物，硫代谢途径是从进入酵母体内的无机硫开始，经过多步反应最终生成蛋氨酸和硫代蛋氨酸。其中，二氧化硫是酵母硫代谢途径的中间产物。若适当提高 SO_2 的生成量，可减弱代谢途径中 SO_2 到 H_2S 的代谢，即可减少 H_2S 的生成量。

3. 代谢产物对葡萄酒风味的影响

除了主产物乙醇和 CO_2，酵母发酵还会产生较少的副产物，如甘油、琥珀酸、乙酸、乳酸、乙醛以及其他挥发性和不挥发性物质，这些化合物在葡萄酒的感官特性上扮演了重要的角色。

（1）醇 通过收获完全成熟的葡萄作为原料可以改善葡萄酒风味，并可提高乙醇的含量［往往高于 15%（体积分数）］。在高乙醇浓度的溶液中，可能会使一些在低乙醇浓度中有溶解限制的化合物增溶，例如高分子量的化合物。增溶的化合物有利于改变或者提升葡萄酒的风味。乙醇的增加对提高葡萄酒的感官属性来说是必要的，但过量时，它可以产生一种能够被感知的"辣味"，并且掩盖葡萄酒的整体香气。然而，人们对健康意识的提高，政府对饮酒驾驶车辆的处罚力度逐步加大，以及高乙醇葡萄酒税率增加，使得乙醇浓度低的葡萄酒越来越受欢迎。葡萄酒中乙醇浓度的降低可以通过各种物理过程来实现，这些物理过程会使用昂贵的设备。在使用这些设备处理时，香气和风味物质的损失或改变是一个需要考虑的重要因素。生物解决方案正在开发，以克服物理技术的缺点，生产出低乙醇含量的葡萄酒。

（2）高级醇 碳原子数大于 2 的脂肪族醇类统称为高级醇，又称为杂醇油，可由葡萄糖代谢和氨基酸脱羧产生。高级醇在葡萄酒中的含量很低，但它们是构成葡萄酒二类香气的主要物质。在葡萄酒中可检测到 100 余种高级醇类物质，在葡萄酒中比较重要的高级醇有正丙醇、异丁醇（2-甲基-1-丙醇）、异戊醇（3-甲基-1-丁醇）和活性戊醇（1-戊醇、2-甲基-1-丁醇）等。

这些高级醇由各种酵母菌，包含念珠菌、汉逊酵母、毕赤酵母、酿酒酵母等以不同的比例产生，在葡萄酒的感官特性中发挥重要的作用。常用来描述高级醇的感官术语包括"杂醇味"（正丁醇）、"酒精味"（异丁基乙醇）、"杏仁味"（活性戊醇、异戊醇）和"花或玫瑰味"（苯乙醇）。高级醇在白葡萄酒中的含量为 $160\sim270mg/L$，在红葡萄酒中的含量为 $140\sim420mg/L$，其中异戊醇是最重要的挥发性物质，一般占 50% 以上。杂醇在高浓度（$>400mg/L$）时是降低葡萄酒品质的因素，会产生刺鼻的气味。

在发酵过程中，不同的酿酒酵母菌株的使用大大有助于在葡萄酒中高级醇产生。葡萄汁中的氨基酸浓度（高级醇的前体）也影响高级醇产生。非酿酒酵母也可促进高级醇的产生。例如，与单独的酿酒酵母发酵相比，在混合发酵中，用毕赤酵母和酿酒酵母产生的高级醇，如正丙醇、异丁醇和正己醇会大幅增加。

（3）乙醛 乙醛是葡萄酒中主要的羰基化合物，由丙酮酸脱羧产生，也可在发酵途径之外由乙醇氧化，在葡萄酒中的含量为 $20\sim60mg/L$。它对风味的贡献被描述为"青苹果味"和"坚果味"。在白葡萄酒中乙醛的存在，会使葡萄酒具有氧化味，而氧化味是葡萄酒被氧化的一个标志。但因乙醛可与 SO_2 结合形成稳定的亚硫酸乙醛，因此可用 SO_2 处理葡萄酒使氧化味消失。在红葡萄酒中，乙醛浓度不超过 $100mg/L$ 时，有助于提高香气的复杂程度。

（4）双乙酰 葡萄酒中的另一个重要的羰基化合物是双乙酰（丁二酮），在葡萄酒中存在被描述为"奶油味"香气。在低浓度下，双乙酰的存在被描述为"坚果味"或"烤面包味"，对酒的风味有修饰作用。但其浓度超过 $4mg/L$ 时，就可能使葡萄酒产生泡菜味、奶油味、奶酪味等异味。

虽然酵母在葡萄酒中也会合成一些双乙酰（$0.2\sim0.3mg/L$），但其大部分是来源于乳酸菌的代谢活动。双乙酰的感官风味也高度依赖于葡萄酒中的其他化合物，并受到酒龄、风格以及酒的起源等影响。各种各样的因素会影响双乙酰在酒中的浓度，如氧的通气量、发酵温度、二氧化硫的含量和苹果酸-乳酸发酵时间等。

（5）酸 葡萄汁和葡萄酒的酸度对感官品质、生理生化、微生物生存和稳定性有直接影响。特别是 pH 值，影响众多的葡萄酒参数，包括影响所有微生物的生存和生长，以及影响葡萄酒的风格。葡萄酒含有大量的有机酸和无机酸，主要的不挥发性有机酸是酒石酸、苹果酸和柠檬酸等，占葡萄汁可滴定酸的 90%。乳酸和柠檬酸可为葡萄汁的酸度做贡献。琥珀酸和酮酸在葡萄汁中本身含量较少，但通过发酵在葡萄酒中的浓度也较高。

作为葡萄酒劣变的标志物，葡萄酒中的乙酸是由酵母、乳酸菌和醋酸菌共同代谢产生。酵母不同菌株的产乙酸的能力不同，酿酒酵母的平均产乙酸的能力为 $0.1\sim0.2g/L$。

① 苹果酸 酿酒酵母菌株在发酵过程中通常会代谢 3%～45% 苹果酸，大多数菌株（如粟酒裂殖酵母和裂殖酵母）可完全降解苹果酸为乙醇和 CO_2。此外，研究人员通过遗传工程使酿酒酵母同时具有乙醇发酵和苹果酸-乳酸发酵能力，从而在乙醇发酵过程中可以同时改善葡萄酒的酸度。

② 琥珀酸 在所有的葡萄酒中都存在琥珀酸，但其含量较低，一般为 $0.6\sim1.5g/L$。含琥珀酸较多的葡萄酒被描述为"不寻常的、咸咸的、苦的味道"。

③ 柠檬酸 柠檬酸在葡萄酒中普遍存在，含量 $0.1\sim0.7g/L$。苹果酸-乳酸菌可以分解代谢柠檬酸生成乳酸以及双乙酰、乙偶姻等风味物质，对葡萄酒的感官品质产生重要影响。

④ 挥发酸 挥发酸是一组短碳链的挥发性有机酸。葡萄酒的挥发酸含量一般为 $500\sim1000mg/L$，占总酸含量的 10%～15%。乙酸是由乙醛氧化作用形成，通常占挥发酸的90%，在葡萄酒中的含量为 $0.2\sim0.3g/L$。其他主要的挥发酸为丙酸和己酸，均是由酵母和

细菌脂肪酸代谢产生。一般规定，白葡萄酒中挥发酸含量（以硫酸计）不能高于 0.88g/L，红葡萄酒中挥发酸含量（以硫酸计）不能高于 0.98g/L。

（6）酯类　酯类是由有机酸和醇发生的酯化反应产生。葡萄酒中的酯类物质一般有两类：生化酯类和化学酯类。生化酯类在发酵过程中产生，最重要的是乙酸乙酯，其含量较少，为 0.15～0.2g/L，具有酸味。化学酯类在陈酿过程中产生，种类多，其含量为 1g/L 左右，是构成葡萄酒香气的主要物质。

（7）甘油　甘油被认为是在葡萄酒生产、酵母乙醇发酵中的一种有价值的副产物。甘油主要在发酵开始时由磷酸二羟丙酮生成，在葡萄酒中含量为 6～10g/L，是一种无色、无味的多元醇，具有略甜的口味和油性及"沉重"的口感。感官测试表明，甘油在干白葡萄酒中，具有约 5.2g/L 的感官阈值。在厌氧发酵过程中，酵母菌在甘油代谢中扮演着重要的角色。甘油具有维持细胞的氧化还原平衡，防护高渗透压冲击的作用。

二、乳酸菌

与酵母菌类似，乳酸菌（lactic acid bacteria，LAB）也存在于葡萄园中，然而它们的营养需求、物种多样性和种群密度是有限的。已从葡萄酒中分离出的乳酸菌包括希氏乳杆菌、植物乳杆菌、干酪乳杆菌、酒类酒球菌、肠膜明串珠菌等。

乳酸菌包含一个具有生态多样性的微生物群，这些细菌利用糖和苹果酸，通过同源或异源发酵途径，形成以乳酸为主要代谢产物的糖代谢过程。其中，有些细菌在葡萄酒中的生长是有益的（如苹果酸-乳酸发酵），而其他菌种的生长会导致腐败。一些细菌，如放线菌和双歧杆菌，其生长的终产物也可以主要为乳酸，但这些细菌很少或从未从葡萄汁或葡萄酒中被分离。

乳酸菌属革兰氏阳性菌，根据其对糖代谢途径和产物种类的差异，可以分为同型乳酸发酵菌种和异型乳酸发酵菌种。同型乳酸发酵菌种产生乳酸（<85%）作为唯一的最终产物，而异型乳酸发酵菌种经过戊糖磷酸途径产生乳酸、CO_2 和乙醇（或乙酸），其中乳酸至少占 50%。

（一）乳酸菌的来源和分类

1. 乳酸菌的来源

葡萄酒不是细菌自然生存的场所，乳酸菌只可能在酿造过程中进入葡萄酒，途径有两个：

a. 自然生长在葡萄果实上，通过压榨进入葡萄汁；

b. 生产设备、管路、储藏过程等沾染乳酸菌，在酿造过程中进入酒内。

葡萄果上的乳酸菌很少，在完好的葡萄上含量小于 10^3 CFU/g，而且只有其中一部分进入葡萄汁，因此其在葡萄汁中的初始浓度要更低。管理水平高的酿酒厂，设备和储罐不应该染菌。葡萄汁和葡萄酒不是乳酸菌良好的生长"温床"，只有几种乳酸杆菌属、明串珠菌、片球菌、酒类酒球菌、醋酸杆菌和葡萄糖酸菌可以在葡萄汁和葡萄酒中生存，但大都会受到高于 4% 浓度的乙醇的抑制作用。一些乳酸杆菌（如 *Lactobacillus hilgardii*）和酒类酒球菌可以在较高的乙醇浓度下以一定的生长量增加。但是葡萄渣（包括葡萄皮、葡萄籽和酵母）能为该菌的繁殖提供适宜条件，至于乳酸菌能在酒窖的葡萄酒内存活多长时间，则视细菌的类型和不同的条件而异。

2. 乳酸菌的分类

从葡萄汁或葡萄酒中分离出的，涉及苹乳发酵（苹果酸-乳酸发酵）的乳酸菌包含乳杆菌科和链球菌科两个科的四个属。属于乳杆菌科的只有乳酸杆菌属（*Lactobacillus*）（其中又分为同型发酵菌和异型发酵菌）；属于链球菌科的有三个属，即明串珠菌属（*Leuconostoc*）（异型发酵菌）、片珠菌属（*Pediococcus*）（同型发酵菌）和酒类酒球菌属（异型发酵菌）。在较长时间里，人们认为明串珠菌适于葡萄酒的苹果酸-乳酸发酵。但近年来，国内外的研究表明，能够适应葡萄酒环境，使难以正常发生的苹果酸-乳酸发酵得以正常启动的是酒类酒球菌（*Oenococcus oeni*），在其作用下大多数葡萄酒可以完成苹果酸-乳酸发酵，其代谢产物除了生成L-乳酸和CO_2外，还可生成少量乙酸和2,3-丁二醇。乳酸使酒具有悦人的奶油香气。而其他菌属则生成较多的乙酸以及乙醛、双乙酰等物质，有的还可以产生生物胺，使酒具有鼠尿味、汗味和泡菜味。所以，经苹果酸-乳酸发酵后，葡萄酒中的挥发酸含量都有不同程度的上升。

（1）乳杆菌属　乳杆菌属细胞呈杆状，尺寸为（0.5～1.2)μm×(1.0～10.0)μm，通常为短链，但有时是球状。革兰氏阳性，不生孢子。细胞罕见以周生鞭毛运动。兼性厌氧，有时微好氧，有氧时生长差，降低氧压时生长较好。通常5% CO_2促进其生长，最适生长温度为30～40℃。在营养琼脂上的菌落凸起、全缘和无色，需要营养丰富的培养基供其生长。发酵分解糖，终产物中50%以上是乳酸。不还原硝酸盐，不能液化明胶，接触酶和氧化酶皆阴性。乳杆菌属对酸的忍耐性很强，适宜在酸性条件（pH 5.5～6.2）下生长。

乳杆菌属为一类遗传和生理特性多样的杆状乳酸菌。基于发酵的最终产物，这个属的菌种可以被划分成3类，即同型乳酸发酵的乳杆菌、兼性异型乳酸发酵的乳杆菌和专性异型乳酸发酵的乳杆菌。同型乳酸发酵的乳杆菌有德氏乳杆菌保加利亚亚种、德氏乳杆菌乳酸亚种和瑞士乳杆菌等。与兼性和专性异型的乳杆菌相比，它们能在高温（>45℃）条件下生长，属于嗜热性微生物。同型乳酸发酵的乳杆菌的另一种类型是嗜酸乳杆菌。兼性异型乳酸发酵的乳杆菌有干酪乳杆菌，常用于益生菌生产发酵乳制品。专性异型乳酸发酵乳杆菌的典型代表是高加索酸奶乳杆菌，常常与生产开发发酵剂有关。

（2）明串珠菌属　明串珠菌属是一类不产生孢子，G＋C含量低于50%的革兰氏阳性细菌，可以在厌氧或有氧条件下生长。细胞呈细长的球形，大小为（0.5～0.7)μm×(0.7～1.2)μm，单独、成对或形成由短到中等长度链。细胞在固体培养基上生长菌落小，灰白，隆起。不液化明胶，发酵多种糖，产酸产气，不还原硝酸盐，不产吲哚，过氧化氢酶阴性，不水解精氨酸。该菌是制糖工业的一种危害菌，常使糖液发黏稠而无法加工。其常存在于水果、蔬菜中，能在含高浓度糖的食品中生长。

（3）片球菌属　片球菌属细胞为球形，直径1.2～2.0μm。在适宜条件下，以双向分裂形成四联，有时也可出现成对排列，单个细胞罕见，不形成链状。革兰氏阳性，不运动，不产芽孢。兼性厌氧，有的菌株在有氧时会抑制生长。发酵葡萄糖产酸不产气，主要产物是D-乳酸盐或L-乳酸盐。触酶阴性，氧化酶也阴性。不还原硝酸盐。最适生长温度25～40℃。片球菌可以通过代谢产生双乙酰，使葡萄酒产生异味。

（4）酒类酒球菌　酒类酒球菌最初定名为酒明串珠菌（*Leuconostoc oenos*），分类为明串珠菌属。后来的研究显示，*L. oenos*代表一个独特的亚系，区别于其他明串珠菌，Dicks等建议将这个种列为一个新属，称为酒球菌属（*Oenococcus*），将酒明串珠菌重新分类定名为酒类酒球菌（*Oenococcus oeni*）。酒类酒球菌菌株被描述为革兰氏阳性，不运动，兼性厌氧，过氧化氢酶阴性，椭圆形到球形细胞，通常以成对或链条出现。酒类酒球菌属在利用碳水化合物进行发酵时具有较大差异。大多数的酒类酒球菌能利用 L-阿拉伯糖、果糖和核糖，而不能利用半乳糖、乳糖、麦芽糖、松三糖或木糖。通过比较，Lafon-Lafourcade 等（1983年）指出，只有11%的菌株在他们的研究中可以利用果糖和葡萄糖。Davis 等确定只有55%的菌株发酵核糖，27%的菌株可以发酵 D-阿拉伯糖，45%的菌株可以发酵蔗糖。另外，酒类酒球菌具有代谢葡萄酒中苹果酸形成乳酸的能力。酒类酒球菌菌株因其生理特性而对葡萄酒环境具有更好的适应性和抗逆性，获得酿酒师的一致认可。

（二）影响乳酸菌生长的因素

因为乳酸菌具有非常有限的生物合成能力，所以增殖所需的营养条件比较苛刻。Du Plessis 报道，乳酸菌生长需要烟酸、核黄素、泛酸硫胺素（或吡哆醇）。之后 Garvie 的研究指出，片球菌属的所有菌株生长需要烟酸、泛酸、生物素，而对硫胺素、对氨基苯甲酸或钴胺素没有要求。多种氨基酸（谷氨酸、缬氨酸、精氨酸、亮氨酸和异亮氨酸）也是乳酸菌生长所必需的。Garvie 也报道了类似的结果。应该指出的是乳酸菌不能利用磷酸氢二铵作为氮源，必须依赖氨基酸。

另一个重要的营养素被称为是番茄汁因子。这种营养素因许多从葡萄酒中分离到的乳酸菌，在添加了番茄汁（或苹果汁）的培养基上生长状况更佳而得名。但不同菌株或同一菌株不同的生长阶段，对该营养素的需求不同。Amachi 确定了番茄汁因子的成分为泛酸衍生物。

（1）pH　pH 为乳酸菌生长最重要的影响因素。大部分乳酸菌是嗜中性细胞。一般来说，乳酸菌生长的最佳 pH 接近中性。一些细菌（如乳杆菌家族）常表现出更多的嗜酸性行为。一般乳酸菌最适 pH 值为 4.8，其中，酒类酒球菌能耐较低 pH 值。因葡萄酒具有较低的 pH 值，使得乙醇发酵和苹果酸-乳酸发酵之间的潜伏期较长。

酸度对细胞产生重大损害。事实上，pH 改变了细菌的存活条件，并能引起生长减缓甚至停止生长。葡萄酒的低 pH 值导致细胞内 pH 值的下降。细胞内的 pH 是控制细胞的一个关键因素，如影响酶的活性、ATP 与 RNA 的合成、DNA 的复制。此外，酸度也会导致蛋白质变性。

细胞外 pH 对糖代谢具有重要作用。pH 水平对糖和 L-苹果酸起到同化作用。在 pH 3.0 下，葡萄糖几乎不被代谢，而 L-苹果酸被利用产生 L-乳酸和 CO_2。此外，L-苹果酸转运也是根据细胞外 pH 调节的，pH 值越低，越有利于较高浓度的 L-苹果酸的扩散。

（2）乙醇　在乙醇发酵过程中，乙醇被认为是葡萄酒中乳酸菌生长的主要抑制因素之一。不同类型的乳酸菌对乙醇的耐受性不同，而耐乙醇能力根据不同的环境条件，如温度、pH 值有变化。当环境 pH 值较低、温度升高时，细胞对乙醇的耐受性降低。低醇〔3%～5%（体积分数）〕可以刺激酒类酒球菌的增长。然而，随着乙醇浓度升高，当高于8%（体积分数）时，代谢产物产生抑制作用，甚至使得细菌死亡。但乳酸菌可以逐步适应乙醇的存在，这种现象被称为"适应性反应"。

乙醇的毒性一般是由于其分子插入到了脂质双层膜的疏水部分，膜结构失稳后影响多种细胞生理过程，如 DNA 复制、酶活性。同时，细胞膜变得能够透过少量的细胞内物质，如辅助因素（NAD^+/NADH 和 AMP）和离子。

细胞膜的组成也同样依赖于乙醇的存在。例如酒类酒球菌细胞能修改脂肪酸组成，同时膜蛋白与磷脂比增加，限制乙醇对血脂的影响。乙醇同样可以引起膜电化学梯度的变化。质子的大量涌入会影响到细胞内外的 pH 梯度，进而影响依赖 ATP 的合成过程、氨基酸的输送和 L-苹果酸的运输。

总之，乙醇对细胞的生理学有重要的影响，因为它的存在会对细胞生理过程产生重要的修饰和修改，这是细胞应对外界生存压力的基础。由于这些对细胞所产生的作用，进而影响苹果酸-乳酸的发酵，特别是改变了乙醇发酵和苹果酸-乳酸发酵发生的时间和细胞对苹果酸-乳酸发酵的适应性。

（3）温度　温度在影响葡萄酒的最终质量中扮演着重要的角色。温度可改变所有微生物（如酵母菌和细菌）的生长速度。所有的细菌具有一个最佳生长温度，与 pH 类似，大多数的乳酸菌适合中温条件，其在实验室培养中的最佳生长温度在 25～30℃ 之间。

在葡萄酒中，最佳生长温度与实验室中所获得的温度不同。根据外界条件检测，酒类酒球菌在酒中消耗 L-苹果酸的理想温度是在 20～25℃ 之间。该值是根据外界环境对参数的改进，特别是乙醇含量。乙醇含量越高，最佳生长温度越低。

（4）二氧化硫　SO_2 对乳酸菌有强烈抑制作用，且低 pH 值与 SO_2 有协同作用。当总 $SO_2 > 100mg/L$，结合 $SO_2 > 50mg/L$ 或游离 $SO_2 > 10mg/L$ 就可抑制乳酸菌繁殖，使之不能达到苹果酸-乳酸发酵需要的菌数。当苹果酸-乳酸发酵结束后，用 10～25mg/L 的 SO_2，可以抑制乳酸菌的活动。

在葡萄酒的酿造过程中，SO_2 有两个来源：外源性来源和内源性来源。

在葡萄酒的酿造中，外源性 SO_2 来自于外加的含硫盐。SO_2 主要用于抗氧化作用和抗菌活性。它可以被添加到葡萄汁中，抑制乳酸菌的增殖，从而避免乙醇发酵中断。

内源性 SO_2 来自于酵母的新陈代谢，在乙醇发酵期间，葡萄酒中的酵母代谢产生并释放少量 SO_2 到葡萄酒中。

（三）代谢

1. 糖代谢

乳酸菌主要的能量来源于糖酵解。它们主要利用葡萄酒中的己糖（如葡萄糖和果糖）作为能源和碳源。在乙醇生产方面，乳酸菌的竞争对手是酿酒酵母。葡萄酒中的异型乳酸菌也可以利用戊糖（如阿拉伯糖、木糖、核糖）。

乙醇发酵结束后，低浓度的糖（1～3g/L）可能残留在葡萄酒中，包括葡萄糖和果糖，以及较少量的甘露糖和半乳糖。而戊糖（五碳糖）中，阿拉伯糖、核糖和木糖是最常见的。足够量的糖提供"干"葡萄酒中的乳酸菌生长所需的能量。

乳酸菌利用己糖（如葡萄糖）由任一同型或异型发酵途径形成乳酸。在同型发酵中，通过糖酵解途径，由葡萄糖向丙酮酸转变，最后产生乳酸。1mol 葡萄糖应产生 2mol 乳酸，实际产量更接近 1.8mol 乳酸。异型发酵微生物缺乏醛缩酶，必须通过一系列不同的反应转移碳流。因具有磷酸转酮酶，对 5-磷酸木酮糖进行分解形成 3-磷酸甘油醛和乙酰磷酸。最终由 1mol 的葡萄糖，产生 1mol 乳酸盐、CO_2、乙酸或乙醇。在现实中，这些细菌由葡萄糖产生 0.8mol 乳酸。由于五碳糖在此途径（5-磷酸核酮糖和 5-磷酸木酮糖）的生物合成，一些菌株目前能利用戊糖（如核糖、木糖、阿拉伯糖）。无论是同型发酵还是异型发酵，糖代谢过程中产生的 ATP 为细胞生长繁殖提供能量。

Brechot 和 Lucmaret 研究了在含有苹果酸的人工培养基和葡萄汁中的乳酸菌糖代谢，结果表明：

（1）不管基质中是否含有苹果酸，乳酸菌群体在繁殖阶段所形成的乙酸量都很少。

（2）如果基质中含有苹果酸，则所有苹果酸均在繁殖阶段被分解。

（3）乙酸主要在乳酸菌群体的平衡阶段形成，其形成的量与基质的含糖量成正比。

由此说明，苹果酸本身并不导致乙酸的形成。在乳酸菌的繁殖阶段，即苹果酸的分解过程中，乳酸菌的糖代谢亦不形成乙酸。可能是由于在这一阶段中，乳酸菌的能量需求较大，其发酵果糖的途径主要为释放能量更多的糖酵解途径，而不是乙酰磷酸途径。

总之，在乳酸菌的繁殖阶段，糖的分解并不会导致大量乙酸的生成。乙酸的生成主要在乳酸菌的平衡阶段。因此，有利于提高葡萄酒质量的苹果酸-乳酸发酵主要在乳酸菌的繁殖阶段中进行，并不会导致挥发酸含量的提高。虽然苹果酸不是挥发酸形成的调节因子，但它的存在却表明不可能生成大量的挥发酸。

2. 精氨酸代谢

许多异型乳酸菌具有利用精氨酸代谢合成鸟氨酸、NH_3、CO_2，并产生 ATP 的能力。目前的观点认为，大多数异型发酵乳杆菌能代谢精氨酸并产生 NH_3，而同型发酵乳杆菌和酒类酒球菌则无此能力。然而，Pilone 等对此提出质疑，他们发现，有些酒类酒球菌的菌株也能代谢精氨酸并产生 NH_3。此外，Liu 等注意到，果糖能抑制某些菌株降解精氨酸的能力。

3. 苹果酸代谢

乳酸菌可代谢三种在葡萄汁中的主要酸：苹果酸、柠檬酸和酒石酸。苹果酸转化为 L-乳酸和 CO_2（苹果酸-乳酸发酵）。柠檬酸转化为乳酸、乙酸、CO_2 和乙偶姻。酒石酸可以由植物乳杆菌同型发酵转化为乳酸、乙酸和 CO_2，或通过短乳杆菌异型发酵生成 CO_2、乙酸和琥珀酸。

虽然苹果酸能刺激酒类酒球菌的生长，但苹果酸-乳酸发酵对细菌的生化效益一直是个谜，因为形成的 ATP 或其他直接能量不能被检测到。这促使研究人员认为，该反应具有与能量产生无关的功能。然而，已有研究证明，根据化学渗透假说，微生物的细胞膜内外存在 pH 梯度，利用 pH 梯度可以形成 ATP，而苹果酸-乳酸发酵正是通过这种间接方式来产生能量。Cox 和 Henick-Kling 也证明，苹果酸-乳酸发酵能够产生 ATP，并认为当细胞向胞外释放乳酸盐和质子时，理论上会在细胞膜两侧产生质子动势，质子动势可以驱动 ATP 合成酶产生 ATP。

4. 甘露醇和赤藓糖醇代谢

如前所述，许多异型乳酸菌通过乙酰磷酸转换成乙酸而不是乙醇，来获得额外的能量。虽然可以产生额外的 ATP，但细胞内将利用另一个电子受体——果糖来再生 NAD^+。甘露醇的形成与否常常被用来区分异型发酵细菌和同型发酵细菌。虽然这是异型发酵乳酸菌的主要属性之一，但某些同型发酵的菌株也可以产生少量的糖醇。

Veiga da Cunha 等观察到，酒类酒球菌在厌氧条件下代谢葡萄糖（而不代谢果糖和核糖），将产生另一个糖醇——赤藓糖醇。在氧的存在下，则不能合成这种糖醇。Firme 等报道，酒类酒球菌在 N_2 或 CO_2 的环境中也可以产生赤藓糖醇。与甘露醇的形成相比，赤藓糖醇的合成可能与厌氧条件下细胞中 NADPH 的氧化再生有关。

5. 生物胺代谢

乳酸菌在发酵过程中对氨基酸脱羧可产生不同的生物胺，如组胺、酪胺、腐胺、尸胺以及苯乙胺等，其中前三种是葡萄酒中最主要的生物胺，但生物胺可引起健康问题和葡萄酒感官缺陷。

（四）乳酸菌对葡萄酒风味的影响

乳酸菌因能产生乙酸、双乙酰、乙偶姻、2,3-丁二醇、乳酸乙酯、丙烯醛等，从而对葡萄酒的风味产生影响。同时，可造成葡萄酒色度降低。异型发酵乳酸菌可以产生高浓度（>0.6g/L）的乙酸。同时，糖和酸的降解去除了碳和能量底物，有助于葡萄酒微生物的稳定。

乳酸菌病害发生在较高的糖浓度条件下，同时在高 pH 值和低氮浓度下，可以生成大量的乙酸，阻碍酵母的活性。如果挥发性酸浓度增加 1g/L，乳酸菌病害变得明显，导致乙醇发酵停滞。研究发现，酵母产生的脂肪酸（如己酸、辛酸、癸酸）对细菌生长有负面影响，所以大多时候，在乙醇发酵过程中乳酸菌不增殖或消失。酒类酒球菌在乙醇发酵后期酵母的死亡阶段可以生长，是因为酵母菌释放的细胞成分刺激细菌的生长。同时，在这个阶段酒类酒球菌已经产生糖苷酶和蛋白酶，对酵母有溶解的作用。

由乳酸菌产生的一种最重要的气味活性化合物双乙酰在感官上具有鲜明的"黄油"香气，在葡萄酒中的含量为 0.2~2.8mg/L。但"黄油"香气不能总是被分辨出来，这是不同基质和其他因素的差异造成的，包括葡萄酒类型、氧化还原电位。例如，乙醇发酵不久后酵母存在数量很高，产生较低量的双乙酰，这是因为酵母快速将双乙酰还原为乙偶姻和丁二醇。相比之下，苹果酸-乳酸发酵发生在低密度存活的酵母菌群中，产生相对较高浓度的双乙酰。在一般情况下，通过酒类酒球菌产生的双乙酰水平与乳酸杆菌或球菌相比较低。

除了双乙酰，在副产物的代谢合成中，酒类酒球菌也能合成高级醇等化合物。同时，酒类酒球菌具有 β-葡萄糖苷酶（负责水解单糖的酶）的活性，它可以改变葡萄酒的感官特性。

Osborne 等报道，酒类酒球菌能代谢乙醛产生乙醇和乙酸。在某些情况下，这可能是理想的，因为过量的乙醛可导致酒变质。然而，乙醛在红葡萄酒颜色发展与稳定上扮演着重要的角色。很多的研究表明，苹乳发酵在葡萄酒的风味变化上存在差异。例如，Sauvageot 和 Vivier 指出，霞多丽葡萄酒在完全苹果酸-乳酸发酵后，有"榛子""新鲜面包""干果"的气味，而黑比诺葡萄酒却丢失了"草莓"和"覆盆子"的气味。总之，对于影响风味和口感来说，苹果酸-乳酸发酵可以增加葡萄酒酒体的口感，提高葡萄酒感官品质的复杂性。

（五）乳酸菌在葡萄酒酿造过程中的变化

Wibowo 等研究了葡萄酒酿造过程中乳酸菌的群体数量变化规律：

（1）葡萄汁从压榨到乙醇发酵之前，乳酸菌的密度为 $10^3 \sim 10^4$ CFU/mL，此时的乳酸菌主要种类为植物乳杆菌、干酪乳杆菌、肠膜明串珠菌和有害片球菌。

（2）乙醇发酵过程中，部分乳酸菌不能繁殖，甚至死亡。但有资料表明，植物乳杆菌在此阶段可以轻微增殖。此时的主要种类为植物乳杆菌、酒类酒球菌和有害片球菌。

（3）乙醇发酵结束后，残存的乳酸菌经过一段时间的迟滞期后开始繁殖，此时细菌的密度可达 $10^6 \sim 10^8$ CFU/mL，此时的主导菌为酒类酒球菌。

（4）储酒期间，通过过滤或添加 SO_2 对乳酸菌进行清除或抑制。但当 pH 值高于 3.5 且 SO_2 浓度低于 50mg/L 时，片球菌和乳杆菌可能会繁殖，进而因为拮抗作用导致酒类酒球菌死亡。

因此，在良好的条件下，葡萄酒酿造过程乳酸菌的生长周期包括以下几个主要阶段。

潜伏阶段：这一阶段对应于乙醇发酵阶段，乳酸菌群体数量下降，但保留最适应葡萄酒环境的自然选择群体。

繁殖阶段：出现在乙醇发酵结束后，乳酸菌迅速繁殖并使其群体数量达到最大值。

平衡阶段：乳酸菌群体数量几乎处于平衡、稳定状态，在适宜的条件下，该阶段可持续很长时间。

三、醋酸菌

醋酸菌（acetic acid bacteria，AAB）可以氧化葡萄糖为葡萄糖酸，也能氧化乙醇生成少量乙酸，但不能氧化乙酸为 CO_2 和水。醋酸菌分布广泛，在果园的土壤中、葡萄、其他浆果或酸败食物表面，以及未灭菌的醋、果酒、啤酒、黄酒中都有生长。醋酸菌在食品工业中主要用于一些食品和饮料的生产中，如醋、可可、茶等其他类似发酵饮料的生产。然而，它们的存在和活动可以很容易地导致其他食物或饮料的腐败，如葡萄酒、啤酒、甜饮料和水果。

醋酸菌可以迅速氧化糖或乙醇，因此氧气供应在其生长和活动中具有举足轻重的作用。当存在氧时，其代谢活性和生长会增强。醋酸菌最佳生长 pH 值为 5.5～6.3，然而，它们可以存活并生长在 pH 值低至 3.0～4.0 的葡萄酒中。其最佳生长温度为 25～30℃，但某些菌株可在 10℃ 下缓慢生长。

醋酸菌是细菌，属于醋酸单胞菌属，细胞从椭圆到杆状，单生、成对或成链。在培养物中易呈多种畸形，如球状、丝状、棒状、弯曲状等。其幼龄菌呈革兰氏阴性，老龄菌不稳定。

（一）分离和分类

分离醋酸菌可以使用选择性培养基，常用碳源有葡萄糖、甘露糖醇、乙醇等，并结合 $CaCO_3$ 或溴甲酚绿作为酸指示剂。培养基通常补充纳他霉素或其他抗生素以防止酵母菌和霉菌的生长，补充青霉素以抑制革兰氏阳性嗜酸细菌（如乳酸菌）的生长。

最广泛使用的培养基是 GYC（5% D-葡萄糖，1% 酵母提取物，0.5% 碳酸钙和 2% 琼脂）和 YPM（2.5% 甘露醇，0.5% 酵母提取物，0.3% 蛋白胨和 2% 琼脂）。培养平板必须在 28℃ 有氧条件下培养 2～4d。

醋酸菌的分类最初是基于形态学和生理学的标准，随着知识的不断更新和科技进步，现在分类很大程度上依赖分子技术的应用，最常见的技术如下。

DNA-DNA 杂交：从分类学角度来看，鉴定细菌组内的新物种，这是使用最广泛的技术。

G+C（%）基础比例确定：这是最早在细菌分类学中使用的分子工具之一，计算 G+C 两种碱基在细菌基因组中的百分比。《伯杰氏系统细菌学手册》中包括这些物种 G+C（%）的值，从而可以用于区分醋酸菌的种类。

16S rDNA 序列分析：16S rDNA 基因序列是高度保守的，在不同物种间的可变区的差异可以用来区分不同的菌种。然而，16S rDNA 序列的差异是非常有限的，有些种类很少有差异核苷酸对。

（二）醋酸菌在葡萄酒酿造过程中的变化

葡萄酒中的醋酸菌主要来源于葡萄浆果和酿造设备，这些醋酸菌包括醋酸杆菌属（*Acetobacter*）的醋化醋杆菌（*A. actei*）、液化醋杆菌（*A. Liquefaciens*）、汉逊醋杆菌（*A. hansenii*）和巴氏醋杆菌（*A. pasteurianus*），以及葡萄糖杆菌属（*Gluconobacter*）的氧化葡萄糖杆菌（*G. oxydans*）等细菌。

随着葡萄的成熟，糖（葡萄糖和果糖）的含量逐渐增加，因此改善了醋酸菌生长的环境。在健康葡萄中，醋酸菌的主要种类是氧化葡萄糖酸杆菌，数量大约是 $10^2 \sim 10^5 \mathrm{CFU}/$ mL。另外，受损的葡萄尤其是灰霉病危害的葡萄浆果，醋酸菌的群体数量很大，主要是醋杆菌属（醋化醋杆菌和巴氏醋杆菌）。葡萄经机械处理可能被污染，污染物主要为醋杆菌属细菌。

在新鲜葡萄汁中，氧化葡萄糖杆菌占优势，而随着发酵的进行，醋酸杆菌尤其是液化醋杆菌和巴氏醋杆菌逐渐变为主导菌，这与它们优先利用的碳源有关，氧化葡萄糖杆菌优先利用糖作为碳源，而醋酸杆菌属优先利用乙醇作为碳源，因而后者较前者耐乙醇的能力高很多。

在葡萄酒存储和老化过程中，发现的主要菌种属于醋酸杆菌（液化醋杆菌和巴氏醋杆菌）。醋酸菌可从罐顶、中部和底部分离出，这表明醋酸菌能在葡萄酒容器中的半厌氧条件下存活。通常装瓶后其菌数急剧下降，因为瓶中是相对厌氧的环境。然而，装瓶时过度通气会增加醋酸菌的数目。此外，在储存过程中瓶子位置不当，不良的储存条件或不良的软木塞可能导致醋酸菌（主要是巴氏醋杆菌）的生长。

（三）醋酸菌和葡萄酒腐坏

1. 原因

醋酸菌在葡萄浆果上的生长引起的后果通常被认为是酸腐，有时可能涉及其他微生物，如灰霉菌。在葡萄或葡萄汁中，醋酸菌利用的主要碳源是葡萄糖，将其氧化成葡萄糖酸。

在葡萄酒生产期间，醋酸菌将乙醇转化为乙酸，从而增加了挥发酸的浓度。甘油也是一个主要的乙醇发酵产品，也可作为醋酸菌的氧化底物，产物为二羟丙酮，其不能提供甘油的口感并且还会结合游离 SO_2。其他酒中化合物，如有机酸可作为氧化的底物。酒被醋酸菌污染后，苹果酸、酒石酸和柠檬酸的浓度也会降低，最终影响葡萄酒的感官品质。

2. 预防措施

虽然在葡萄酒酿造过程中氧气含量比较低，但是醋酸菌也能够在此条件下生存。因此，醋酸菌在酿酒实践中保证无风险是不可能的。预防措施包括：

① 腐烂或损坏的葡萄应尽可能避免使用。

② 在葡萄酒生产和老化过程中保持低 pH 值。虽然醋酸菌在 pH 3～4 下能够生存，但菌数随 pH 值降低而减少。这种低 pH 值也有利于 SO_2 以游离形式存在。

③ 添加 SO_2、冷沉淀、澄清是比较推荐的做法，可以减少菌群数和预防有害的微生物。

四、微生物相互作用

在葡萄中生长的微生物种类繁多，对葡萄酒品质会产生一定的影响。它们属于耐酸性微生物，如乳酸菌、醋酸菌、酵母菌等。其中，最重要的菌种为葡萄酒酿酒酵母和乳酸菌的酒类酒球菌，分别进行乙醇发酵和苹乳发酵。然而各种微生物是相互作用的，各个菌群会呈现更迭交替的现象。

许多已发表的文献表明，酵母菌和乳酸菌之间存在拮抗作用，主要通过酵母菌对营养物质的竞争和分泌抑制物质来实现。同时，乙醇也能抑制甚至杀死葡萄酒中的乳酸菌。另外，通过酿酒酵母自溶产生的氨基酸以及代谢生产的有机酸（如己酸、辛酸、癸酸）、维生素和氨基酸等可以刺激乳酸菌生长。

醋酸菌也能抑制酿酒酵母，而且还能抑制接合酵母、假丝酵母，甚至酒香酵母。乳酸菌种间存在着拮抗或互利共生的关系。噬菌体可以侵染乳酸菌，造成接种失败，导致苹乳发酵异常或终止。

第二节 乙醇发酵原理

一、乙醇发酵途径

整个酿酒过程的主要特点是必须将糖转化为乙醇。在发酵的早期阶段，有大量的非酿酒酵母种类出现。虽然这可能有助于乙醇发酵和产生重要的风味化合物，但它们通常被认为是生成乙酸和其他异味物质的原因。因此，酿酒酵母发酵剂因其乙醇发酵能力较强一直被所有大型葡萄酒生产厂所使用。

成熟的葡萄含有大量的糖分，主要有葡萄糖、果糖和少量蔗糖。糖是酵母理想的碳源和能源，在各种酶的作用下，经过一系列化学反应生成乙醇，主要经过糖酵解途径（EMP）和乙醛途径。

(一) 糖酵解途径

如图 3-1 所示，EMP 途径主要经过下述三个阶段，包括十个已知步骤。

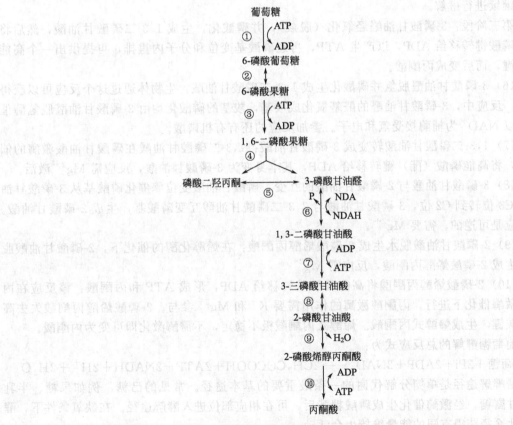

图 3-1 糖酵解（EMP）途径示意图

①—己糖激酶；②—6-磷酸葡萄糖异构酶；③—磷酸果糖激酶；④—果糖二磷酸醛缩酶；
⑤—磷酸果糖异构酶；⑥—3-磷酸甘油醛脱氢酶；⑦—磷酸甘油酸激酶；⑧—磷酸
甘油酸变位酶；⑨—烯醇化酶；⑩—丙酮酸激酶

第一阶段：葡萄糖磷酸化，生成活泼的1,6-二磷酸果糖。

（1）葡萄糖磷酸化为6-磷酸葡萄糖：葡萄糖进入细胞后发生磷酸化反应，葡萄糖在己糖激酶的催化下，由ATP供给磷酸基，转化成6-磷酸葡萄糖。反应需由Mg^{2+}激活，为不可逆反应。

（2）6-磷酸葡萄糖和6-磷酸果糖的互变：6磷酸葡萄糖在磷酸己糖异构酶的催化下，转变为6-磷酸果糖，属于醛糖与酮糖间的异构反应。6-磷酸葡萄糖转变为6-磷酸果糖，是需要Mg^{2+}参与的可逆反应。

（3）6-磷酸果糖转变为1,6-二磷酸果糖：6-磷酸果糖在磷酸果糖激酶催化下，由ATP供给磷酸基及能量，进一步磷酸化，生成1,6-二磷酸果糖，这是第二个磷酸化反应，需要Mg^{2+}参与，也是非平衡反应，更倾向于生成1,6-二磷酸果糖。

第二阶段：1,6-二磷酸果糖分裂为二分子磷酸丙糖。

（4）1,6-二磷酸果糖分解生成二分子三碳糖：一分子1,6-二磷酸果糖在醛缩酶的催化下，最终分裂产生两个丙糖，分别为一分子磷酸二羟丙酮和一分子3-磷酸甘油醛。此反应是可逆反应。

（5）磷酸二羟丙酮与3-磷酸甘油醛互变：磷酸二羟丙酮与3-磷酸甘油醛是同分异构体，二者可在磷酸丙糖异构酶催化下互相转变，反应平衡时，趋向生成磷酸二羟丙酮（占96%）。当3-磷酸甘油醛在下一步反应中被移去后，磷酸二羟丙酮迅速转变为3-磷酸甘油醛，继续进行酵解。

第三阶段：3-磷酸甘油醛经氧化（脱羧），并磷酸化，生成1,3-二磷酸甘油酸，然后将高能磷酸键转移给ADP，以产生ATP，再经磷酸基变位和分子内重排，再提供出一个高能磷酸键，而后变成丙酮酸。

（6）3-磷酸甘油醛脱氢并磷酸化生成1,3-二磷酸甘油酸：生物体通过这个反应可以获得能量。反应中，3-磷酸甘油醛的醛基氧化成羧基，羧基的磷酸化均由3-磷酸甘油醛脱氢酶催化，以NAD^+为辅酶接受氢和电子。参加反应的还有有机磷酸。

（7）1,3-二磷酸甘油酸转变成3-磷酸甘油酸：1,3-二磷酸甘油酸在磷酸甘油酸激酶的催化下，将高能磷酸（酯）键转移给ADP，其本身变为3-磷酸甘油酸，反应需Mg^{2+}激活。

（8）3-磷酸甘油酸与2-磷酸甘油酸的互变：磷酸甘油酸变位酶催化磷酸基从3-磷酸甘油酸的C3位转到C2位，3-磷酸甘油酸与2,3-二磷酸甘油酸互变磷酸基，生成2-磷酸甘油酸。该反应是可逆的，需要Mg^{2+}。

（9）2-磷酸甘油酸脱水生成2-磷酸烯醇丙酮酸：在烯醇化酶的催化下，2-磷酸甘油酸脱水，生成2-磷酸烯醇丙酮酸，反应需Mg^{2+}。

（10）2-磷酸烯醇丙酮酸将高能磷酸基转移给ADP，形成ATP和丙酮酸：该反应在丙酮酸激酶催化下进行，丙酮酸激酶的作用需要K^+和Mg^{2+}参与。2-磷酸烯醇丙酮酸失去高能磷酸键，生成烯醇式丙酮酸。烯醇式丙酮酸极不稳定，不需酶激化即可变为丙酮酸。

葡萄糖酵解的总反应式为：

$$葡萄糖 + 2Pi + 2ADP + 2NAD^+ \longrightarrow 2CH_3COCOOH + 2ATP + 2NADH + 2H^+ + 2H_2O$$

糖酵解途径是单糖分解代谢的一条最重要的基本途径。常见的己糖，例如果糖、半乳糖、甘露糖，经激酶催化生成磷酸糖酯后，可在相应部位进入酵解途径。在缺氧条件下，酵母经此途径获得有限的能量维持生命活动。

（二）乙醛途径

如图3-2所示，在糖的厌氧发酵中，经EMP途径生成的丙酮酸经丙酮酸脱羧酶催化生

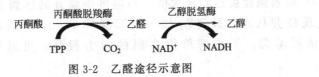

图 3-2　乙醛途径示意图

成乙醛，释放出 CO_2。乙醛在乙醇脱氢酶作用下最终生成乙醇。

综上所述，葡萄糖进行乙醇发酵的总反应式为：

$$葡萄糖 + 2Pi + 2ADP \longrightarrow 2C_2H_5OH + 2ATP + 2CO_2 + 2H_2O$$

糖酵解的速率在发酵过程中逐渐减小，这一现象归因于乙醇的毒性、营养素的缺乏和可溶物运输的减少。在乙醇发酵的后期，细胞无法在高酒度以及低营养的条件下生存。

二、参与乙醇发酵的微生物

1. 非酿酒酵母和酿酒酵母与乙醇发酵

在没有被破坏的葡萄中，酵母的数目范围在 $10^3 \sim 10^5 CFU/mL$。天然分离的最常见的菌种是柠檬形克勒克酵母，占总酵母菌群数目超过了 50%，也有较少数量的其他酵母菌，如念珠菌、隐球菌、汉逊酵母、克鲁维酵母、梅奇酵母、毕赤酵母和红酵母等。另外，在葡萄汁中也存在酿酒酵母，但数量往往小于 50CFU/mL。其中，除了酿酒酵母外，其余均为非酿酒酵母。

2. 乳酸菌与乙醇发酵

乳酸杆菌以及其他的乳酸菌所组成的生态系统是复杂的，不同菌种在不同的时间支配着发酵。研究者分离出布氏乳杆菌、短乳杆菌、植物乳杆菌、酒明串珠菌和片球菌属的菌株。虽然在压榨过后，葡萄汁中的物种多样性短时间内增加，但是活细胞数目通常在一段时间内仍然相对较低（$<10^3 \sim 10^4 CFU/mL$）。在乙醇发酵过程中，大多数乳酸菌经历一个迅速死亡的过程，通常数量下降到 100CFU/mL。在乙醇发酵完成后，菌的数量可能增加。

在葡萄酒中乳酸菌的出现和存活，很大程度上取决于 pH 和乙醇。在高 pH 值的葡萄酒（pH>3.5）中，乳酸杆菌往往占主导地位，而酒类酒球菌菌体数量呈现较高时与相对较低的 pH 值有关。对于乙醇，菌株之间存在的差异是很明显的，植物乳杆菌在 5%~6%（体积分数）的浓度时停止生长。另外，酵母菌种的选择、发酵和储藏温度、SO_2 的追加、澄清和过滤都起着重要的作用。

在瓶装葡萄酒中，生长的片球菌和大多数乳酸菌能够导致沉积物积累、胀气、异味或产生大量的挥发酸和乳酸，而其他一些乳酸杆菌会导致乙醇发酵缓慢或受阻。

3. 醋酸菌与乙醇发酵

醋酸菌通常存在于葡萄汁中，在未受污染的葡萄浆果上含量为 $10^2 \sim 10^3$ 个/g，而在变质的浆果上高达 10^6 个/g。醋酸菌可将葡萄糖直接氧化生成葡萄糖酸，或将乙醇氧化成乙酸和乙醛。

三、影响酵母菌生长和乙醇发酵的因素

（一）温度

1. 温度对菌种的影响

液态酵母的活动最适温度为 20～30℃。当温度达到 20℃ 时，酵母菌的繁殖速度加

快，在达到 30℃ 时繁殖速度达到最大值。当温度继续升高达到 35℃ 时，其繁殖速度下降，酵母菌呈现疲劳状态。只要在 40～45℃ 保持 1～1.5h 或在 60～65℃ 保持 10～15min，就可杀死酵母。干态酵母抗高温的能力很强，可忍受 115～120℃ 的高温达 5min。

当温度达到一定值时，酵母菌不再繁殖，并且死亡，这一温度称为发酵临界温度。这一温度受许多因素，如通风、含糖量、酵母菌种类及营养条件等的影响。

温度也会影响酿酒酵母和非酿酒酵母之间菌株数量的平衡。红葡萄酒发酵中酿酒酵母为优势菌种，部分原因是发酵温度较高。较低的发酵温度一般适合白葡萄酒生产。因此，在发酵过程中温度控制是至关重要的。

2. 温度对发酵速度的影响

在 20～30℃ 的范围内，每升高 1℃，发酵速度可提高 10%。发酵速度随着温度的升高而加快，但发酵速度越快，停止发酵越早，酵母菌的疲劳现象出现越早，最终的酒度也会越低。

如果超过发酵临界温度，发酵速度就下降，并引起发酵停止。但在实践中因临界温度受很多因素影响，很难确定临界温度，因此提出发酵危险温区这一概念。一般发酵危险温区为 32～35℃，在这一温度范围内，发酵有停止的危险。

3. 温度对发酵葡萄酒品质的影响

白葡萄酒通常在低温（10～18℃）下发酵，这样能够保留更好的香气，而红葡萄酒的发酵随着温度升高（18～29℃），将有利于颜色加深和单宁的浸提。

（二）通风

虽然乙醇发酵是厌氧发酵，但酵母菌的繁殖需要氧气，在完全无氧条件下，酵母菌只能繁殖几代。

在进行乙醇发酵以前，一些机械处理（如破碎、除梗以及澄清等）保证了部分溶氧。在发酵过程中，常用倒罐的方式来保证酵母菌对氧的需求。氧越多，发酵越彻底。

（三）固定化酵母

固定微生物细胞是将微生物细胞利用物理或化学方法，使细胞与固体的水不溶性支持物（或称载体）相结合，使其既不溶于水，又能保持微生物的活性。

研究表明，固定化酵母发酵时间比游离酵母发酵时间短，发酵速度比游离酵母的发酵速度快。而且由于细胞被固定在载体上，使得它们在反应结束后，可反复使用，也可储存较长时间使酶和微生物活性不变。

（四）"天然"酵母

非酿酒酵母可以产生提高感官风味的重要代谢物，进而改进葡萄酒的质量，因此一些酿酒师对本地微生物产生了兴趣，并用它们进行了乙醇发酵。葡萄酒的风格因此产生了差异。即使这类微生物会合成各种破坏葡萄酒质量的挥发性气味和风味化合物，同时也存在发酵不彻底的风险，但葡萄酒的特殊风格使酿酒师接受这些"天然"酵母。

选择非酿酒酵母时，最常见的是念珠菌和克勒克酵母，它们能够改变或提高葡萄酒质量。

四、发酵中止

（一）原因

几乎每个酿酒师都会有发酵中止的经历，从刚开始启动到将近结束都有可能发生，特别是在高糖葡萄汁的发酵过程中。酵母过早停止生长和发酵会使酒中含有未发酵的糖分，并且会使乙醇的浓度低于预期值。未完全发酵的葡萄酒会因其甜味浓导致感官品质低劣，还有潜在的微生物腐败的危险。了解发酵过程中不同阶段限制酵母生长的因素，可以有效预防发酵中止的发生，或采取有效措施使其重新启动。

1. 缺氧

虽然乙醇发酵是一个厌氧过程，但发酵的第二个阶段（指数增长期），氧气也是重要的必需品。类固醇，特别是麦角甾醇和不饱和脂肪酸，在葡萄酒乙醇发酵过程中作为生存素而起作用。它通过影响磷脂的性质，从而调节细胞膜的生理状态和渗透性。没有氧气，酵母就不能繁殖和增长达到发酵所需的酵母数量。实验研究表明，将氧气和氮气分别通入发酵样品中，通入氮气的样品发酵极其缓慢，甚至中止；而通入氧气后发酵重新启动，直至发酵结束，通氧气酵母数量是通氮气酵母数量的 20 倍之多。通常商业活性干酵母的添加量为 200mg/L（葡萄汁），这样的浓度数量达到了 10^6 CFU/mL。在指数增长期酵母可繁殖 5～6 代（2^5～2^6），数量也从 10^6 CFU/mL 增加到 10^7～10^8 CFU/mL。这时如果没有足够的氧气，增长速率就会降低，从而可能导致发酵中止。在这种情况下，通过开放循环方式泵送葡萄汁总量的 1/4，酵母可以获得足够的氧气繁殖。

2. 营养缺失

酵母所需的营养包括氮源、脂类、生长素和矿物质，尤其是氮元素对氨基酸形成极其重要。缺少氮元素会限制酵母生长，并降低发酵率。通过添加酵母营养剂 DAP 可解决这种问题，也可在入罐时适量加入 NH_4HSO_3，为酵母菌提供可同化氮的同时提供 SO_2。现代工业化生产中，一些辅料商提供复合营养剂，酿酒师会选择在合适的时机添加，来保证营养的及时供给。另外，对白葡萄酒葡萄汁的澄清处理不能过度，加入适量的果胶酶即可获得澄清适当的葡萄汁。

3. 温度

温度主要影响生物酶活性，如果温度超过酶活性范围温度，就会抑制发酵。乙醇发酵时如果没有制冷系统，温度有可能上升到 35～40℃。35℃高温和高浓度乙醇环境下钝化了酵母酶活性，进而抑制发酵进程。因此，在红葡萄酒乙醇发酵过程中，应特别注意观察发酵温度。

相反，如果入罐温度过低也会限制酵母的生长，导致酵母群体数量过低。同时，低温也会降低细胞的代谢活性，导致发酵缓慢或中止。

4. 高糖

葡萄汁糖度太高（25°Bx 以上），发酵期间会引发许多物理和化学问题。首先，溶液的渗透压太高，使得酵母细胞很难存活和繁殖。因此，酿酒师应采取一系列措施保证连续发酵。如果不采取措施，葡萄酒可能会被有害菌感染，产生不良风味。而且，发酵后剩余太多的残糖会导致后期很不稳定，引起细菌感染和再发酵。这些措施如下：

（1）选择耐高糖和高酒度的酵母菌株，以致能将糖发干，酒度可达 15°～16°。

（2）启动时增加酵母的添加量，达到 250～300mg/L，甚至更多。对于晚采的葡萄，糖度达到 30～35°Bx 甚至以上时，添加量最好达到 500mg/L。但不能太多，太多的话会使葡萄酒的酵母味过重，掩盖了本身的风味和果香。

（3）适当提高 SO_2 浓度，SO_2 与糖结合，同时高硫环境可抑制杂菌生长。

（4）选择两种或更多种共生型（千万不能是嗜杀性）酵母菌株，确保其中至少一种能够完成发酵，同时提高了风味的复杂度。但需要注意的是，发酵的几种酵母还要有共同的发酵特性。

5. pH 值

葡萄酒酿造时所控制的 pH 值在 3.0～4.0 之间。较低 pH 值会引起酵母细胞膜对某些离子渗透性的变化，从而影响酵母细胞对营养物质的吸收，影响酶的合成和活性，使代谢途径等发生变化。

若 pH 值过高，会加大发酵中止的危险。因大多葡萄产区的土壤具有碱性，因此采收时应防止原料带土。

6. 抑制物质

在发酵过程中形成的乙醇会抑制酵母的生长和代谢。其他的代谢副产物，如 C_6、C_8、C_{10} 饱和脂肪酸等会提高乙醇的抑制作用。脂肪酸具有疏水性，能够进入酵母细胞分子中，干扰细胞和培养基之间的传输系统。乙醇发酵结束时葡萄酒中的辛酸和癸酸浓度范围在 2～10mg/L，这样的浓度足以中止发酵。碳可以吸附这些脂肪酸，从而促进乙醇发酵。但是，在葡萄酒中加入活性炭后很难去除，同时活性炭也会将色素和果香部分吸走。所以，一般情况下不建议使用活性炭。酵母菌皮也具有这种吸附功能，发酵前加入 0.2～1g/L 的酵母菌皮可大大加速发酵，而且使发酵更为彻底。另外，酵母菌皮除可用于防止发酵中止外，还可用于发酵停止的葡萄酒重新发酵。

此外，杀真菌剂有可能导致发酵缓慢。

（二）处理措施

在发酵过程中，如果发酵 24～48h 后的葡萄酒汁的密度不再下降，就有发酵终止的危险。在这种情况下，可有多种措施促使发酵重新启动，防止致病性微生物的活动。

1. 酒的保护

在发酵中止时，必须尽快在隔绝空气条件下分离酒脚，将葡萄汁分离到干净的发酵罐，同时冷却并加 SO_2（30～50mg/L）来阻止发酵活动，并防止细菌的侵染。这样处理后，有时会自动再发酵。如果再发酵不能自然启动，就需要添加酒母。

可对发酵中止葡萄汁进行瞬间巴氏杀菌，即在 20s 内将葡萄汁的温度升至 72～76℃，可以改善葡萄汁的可发酵性。在杀菌后，待温度降低到 20～25℃，再加酵母进行再发酵。

2. 制备酒母液

取 5%～10% 发酵终止的葡萄汁，将其酒度、含糖量分别调整为 9%、15g/L，加入 SO_2（30mg/L），加入活性干酵母（200mg/L），在 20～25℃ 下进行发酵。酵母应选择耐高乙醇浓度及耐低温的商业酵母，从而能在高乙醇含量的酒中发酵糖，在低温下扩大繁殖。每天测试酵母液的相对密度，为了使酵母适应乙醇环境，相对密度达到 1.000 以下即可使用。

3. 酒母的添加

按 5%～10% 的比例将酒母加入到发酵终止的葡萄汁中，以启动再发酵。也可按 1：1

的比例将发酵终止的葡萄汁加入到酒母中，使混合汁进行发酵。当其相对密度降至低于1.000时，再将发酵终止葡萄汁按1∶1的比例混合，直至所有葡萄汁发酵结束。

在再发酵过程中可加入0.5mg/L泛酸，既可防止挥发酸的升高，又能使已经过高的挥发酸消失。当然，加入硫酸铵（最高50mg/L）也有利于再发酵的进行。

发酵中止后即使是最好效果的再发酵，也会严重影响葡萄酒的质量。所以，采取适当的措施预防乙醇发酵的中止是最重要的。

第三节　苹果酸-乳酸发酵

苹果酸-乳酸发酵是在葡萄乙醇发酵结束后，在乳酸菌的作用下，将苹果酸分解为乳酸和 CO_2 的过程，但更确切地讲，应该是将 L-苹果酸分解成 L-乳酸和 CO_2 的过程。这一过程之所以被称为"发酵"，是因为有微生物的作用和 CO_2 的释放。但从能量的角度考察，将苹果酸转化为乳酸的脱羧反应所释放的能量很少。Radler 的研究结果表明，乳酸菌分解0.1g/L 左右的糖即可保证其分解 5g/L 左右的苹果酸所需群体的生长。因此可以认为，乳酸菌不是通过分解苹果酸本身，而可能是通过分解乙醇发酵结束后残留的微量糖的过程获得所需能量。

Lonvaud Funel 认为乳酸菌的这一反应或许仅仅是为了降低基质的酸度（pH 值升高约0.2），以改变其环境条件。实际上，只有很酸的葡萄汁，才需要采取措施。气候温暖地区的葡萄汁一般含酸都比较少，发酵时酸分解比较完全，到发酵结束时，糖不仅完全发酵，而且酸含量也已下降到最低程度。苹果酸的分解只是一种细菌代谢引起的反应，被分解的除苹果酸外还有其他一些物质，同时还产生一些新物质，包括风味物质，从而使葡萄酒原来的风味受到影响。

苹果酸-乳酸发酵对于干红很重要；对于酒体丰满的霞多丽（木桶）、赛美蓉、灰比诺、缩味浓、沙斯拉干白，从苹果酸-乳酸发酵中获益匪浅；苹果酸-乳酸发酵同样适于高酸果香型酒和起泡葡萄酒基酒。

苹果酸-乳酸发酵逐渐成为改善酒体，使香气、风味物质平衡的必需程序，而且在严格工艺控制的条件下可以实现降酸至酿酒者需要的任意酸度，并得到良好的风味和口感。

一、原理

在乳酸菌的作用下，将苹果酸分解为乳酸和 CO_2，即 1g 苹果酸生成 0.67g 乳酸，并放出 0.33g CO_2。由于苹果酸有 2 个酸根，而乳酸只有 1 个酸根，故在将苹果酸转化为乳酸时，可使酸度降低一半，这一反应符合生物脱酸的原理。

在苹果酸-乳酸发酵时，可能会使葡萄酒的挥发酸浓度略有增加（0.01%～0.02%），也有可能产生其他副产物。这是乳酸菌，尤其是球状乳酸菌分解残糖或柠檬酸的结果。

苹果酸到乳酸的转化是通过苹果酸-乳酸酶的作用实现的，该酶将苹果酸转运到细胞内经过脱羧形成乳酸。苹果酸-乳酸酶具有如下性质：

（1）苹果酸-乳酸酶为诱导酶，只有当基质含有苹果酸时，乳酸菌才能合成此酶；

（2）其活性需要 NAD^+ 作为辅酶，Mn^{2+} 作为激活剂，具有和苹果酸脱氢酶和苹果酸酶相似的性质；

（3）直接将苹果酸转变为乳酸和 CO_2，且只能将 L-苹果酸转化为 L-乳酸；

（4）其分子量很大，为 2.3×10^{11} 左右，酶促反应最适 pH 值为 5.75；

（5）苹果酸-乳酸酶是由多种蛋白酶构成的复合体。

二、影响乳酸菌的生长和发酵的因素

苹果酸-乳酸发酵成功与否与乳酸菌生长条件有关。葡萄酒的酿造过程中影响细菌生长和限制苹果酸-乳酸发酵的因素较多，其中四个主要限制因素为 pH、乙醇、温度和 SO_2，且具有累加效应。

1. pH

pH 影响苹果酸-乳酸发酵的启动及持续时间的长短。当 pH 值降到 3.2 时，pH 值每下降 0.15，苹果酸-乳酸发酵将推迟 10d 结束；pH≤3.0 时几乎所有的乳酸菌受到抑制；pH 3~5 时，随 pH 值升高，苹果酸-乳酸发酵速度加快。

对所有的乳酸菌来说，pH 是影响其生长和代谢终产物种类和浓度的最重要因素。若需将葡萄酒进行适度降酸，可加入适量的碳酸钙，以中和酒石酸；也可将葡萄酒降温至 0℃，使酒石酸沉淀，然后再升温至 20℃，使 pH 和温度条件均有利于乳酸菌。

2. 乙醇

乙醇主要通过影响酶活性而起作用。若酒液中的乙醇体积分数为 2%~4% 时，可轻微促进发酵；若乙醇体积分数为 10% 以上，则苹果酸-乳酸发酵受到阻碍。不同的菌种对乙醇的耐受力不同：酒类酒球菌为 12%，片球菌为 14%，乳酸菌为 15%。

3. 温度

温度对苹果酸-乳酸发酵有重要影响，因为温度能够直接影响细菌的生长速度。然而，对于温度来说，它是一个相比 pH 和乙醇含量易于控制的因素。在酒窖中进行苹果酸-乳酸的发酵时，温度应处于 18~22℃ 之间。这些条件对酒类酒球菌生长有利。然而在某些情况下，温度通常低于 18℃，细菌的生长变慢，酶活性降低，苹果酸-乳酸发酵起步变晚。到 15℃ 时，苹果酸-乳酸发酵已经非常缓慢到几乎不进行；而温度过高时，苹果酸-乳酸发酵产生的挥发酸较多，对酒质有负面影响。

4. SO_2

10~25mg/L SO_2 对乳酸菌群体生长影响不大，SO_2 含量大于 50mg/L 时则明显推迟或不能进行苹果酸-乳酸发酵，低 pH 值与 SO_2 有协同作用。对于苹果酸-乳酸发酵，最适宜的总 SO_2 应小于 20mg/L。

5. 营养缺乏

从营养的角度来看，葡萄酒处于一个营养含量少的环境，乳酸菌可能面临营养缺乏，如碳源、氮源以及矿物元素缺乏。另外，葡萄品种、果实成熟度、酵母和酿酒条件的不同会造成营养成分的不同。

在乙醇发酵结束后，残糖（尤其是果糖和葡萄糖等己糖）是主要的碳源和能量来源。在发酵正常时，酵母菌能抑制乳酸菌，但如果乙醇发酵温度高达 35℃，则会导致乙醇发酵中止而残糖偏高。若乳酸菌分解上述残糖，则会造成乳酸菌病害。故在气温高的年份，须注意避免上述现象的发生。如果出现乙醇发酵中止的现象，则应立即将酒液中的细菌滤除后，再添加酵母继续发酵。

虽然乙醇发酵结束后，原酒带酵母储存不是决定苹果酸-乳酸发酵能否进行的关键，但是如果乙醇发酵结束后马上分离酵母等沉淀物，苹果酸-乳酸发酵往往难以顺利进行，甚至要推迟到第二年春季才能进行。因原酒带的酵母会自溶释放大量氨基酸和甘露糖蛋白，为乳酸菌的繁殖提供了养料，从而加速了这一发酵的进程。带酒脚处理的酒与对照相比，降酸幅度稍大，酒具有香气浓郁、酒体丰满的特点，但挥发酸略有升高，需要加倍关注和管理。

6. 微生物因素

在酿酒过程中，有大量多样的微生物。酒类酒球菌与其他几类微生物存在不同的相互作用。在乙醇发酵期间，酵母菌消耗糖和氮源，并释放有毒代谢物（乙醇、脂肪酸、SO_2）来影响苹果酸-乳酸发酵。在乙醇发酵结束之后，酵母自溶释放生长因子（氨基酸、维生素、甘露糖蛋白），使细菌快速生长，使两个发酵之间的延迟时间减少。酵母菌和细菌的相互作用是复杂的，首先是拮抗，然后是协同，其中还有很多作用仍旧是未知的。

竞争现象也存在于不同类型的乳酸菌之间。在葡萄酒的制作过程中，不同的细菌类型（如片球菌、乳杆菌、明串珠菌、酒类酒球菌）之间的作用相反。这些作用可能与抗菌性能的化合物释放有关。

噬菌体对苹果酸-乳酸发酵具有严重的威胁。酒类酒球菌能够被噬菌体侵染。这些噬菌体的攻击若出现在葡萄酒中，将使得苹果酸-乳酸发酵的速率减缓，导致发酵需要更多的时间，从而使不良细菌（如片球菌）得以增殖。

7. 其他因素

葡萄酒具有一个特别复杂的环境，其他一些因素能够影响苹果酸-乳酸菌和酒类酒球菌的生长活性。

多酚对酒类酒球菌的影响是非常复杂的，如没食子酸会刺激菌体增长，而其他大多数的多酚则具有抑制作用。其他分子，如脂肪酸也对酒类酒球菌的生长有影响，脂肪酸的影响强烈地依赖于脂肪酸的浓度和类型。癸酸和月桂酸在低浓度下（分别为 12.5mg/L 和 2.5mg/L）刺激苹果酸-乳酸菌的活性并影响其生长，而高浓度的这两个化合物具有反作用。环油酸也对酒类酒球菌的生长起着重要的作用，根据酒类酒球菌菌株对外界的利用来看，同化该化合物可作为一种生存或生长因子。

三、苹果酸-乳酸发酵发酵剂的准备

根据不同的葡萄酒或汁的理化条件，野生的细菌可能数量众多且种类繁杂，由此引发的苹果酸-乳酸发酵的时间和结果无法预测。野生乳酸菌在不适宜的条件下发酵，可能存在的风险有：

① 发酵周期长；

② 对温度的要求高；

③ 在较高的 SO_2 含量时，可能无法进行发酵而使葡萄酒氧化；

④ 推迟上市时间。

对苹果酸-乳酸发酵的控制，是葡萄酒酿造过程中不可或缺的一部分，但却往往被忽视。有时乙醇发酵完成后数个月才发生苹果酸-乳酸发酵，酒在未受保护的情况下容易引起腐败。此外，未知的乳酸菌可以自发引起苹果酸-乳酸发酵，并能产生不可预知的或不受欢迎的葡萄酒风味特征，其结果也是不确定的。酒类酒球菌具有最佳的发酵性能，并产生最优质的风味物质，是进行苹乳发酵最优的菌种。同时，Olsen 建议定期在显微镜下进行葡萄酒相关的检测，对香气进行检测，并执行苹果酸和乙酸的常规量化分析。

酿酒师接种乳酸细菌技术的提高，使得苹果酸-乳酸发酵成功率提高了很多。多种酒类酒球菌菌株以冷冻、浓缩和液体的形式存在，其中冻干发酵剂通常含有较多的活菌（$>10^8$ CFU/g），便于运输和储存。有的时候葡萄汁或葡萄酒需要在接种前添加补液和进行稀释。制备苹果酸-乳酸发酵的媒介经常包含葡萄或苹果汁，增补其他营养物质，如酵母提取液、蛋白胨和吐温-80。

四、苹果酸-乳酸发酵的作用

1. 降酸作用

在较寒冷的地区或者在气温较高、雨量充沛、昼夜温差不大、光照条件较差的地区，葡萄的成熟度达不到工业成熟度的要求，葡萄酒的滴定酸度很高，苹果酸-乳酸发酵成为最理想的降酸方法。二元酸向一元酸的转化使葡萄酒总酸下降，尖酸生涩感降低，葡萄酒变得协调、圆润。酸降幅度取决于葡萄酒中苹果酸的含量及其酒石酸的比例。通常，苹果酸-乳酸发酵可使总酸下降 1～3g/L，约占滴定酸度的 1/3，pH 值随之上升 0.1～0.3。

2. 降低色度

在苹果酸-乳酸发酵过程中，由于葡萄酒总酸度下降，引起葡萄酒的 pH 值上升，这导致葡萄酒由紫红色向蓝色色调转变。此外，乳酸菌利用了与 SO_2 结合的物质（α-酮戊二酸、丙酮酸等酮酸），释放出游离 SO_2，游离 SO_2 与花色苷结合，也能降低酒的色度，在有些情况下苹果酸-乳酸发酵后，色度能下降 30% 左右。因此，苹果酸-乳酸发酵可以使葡萄的颜色变得老熟。

3. 风味修饰

乳酸细菌能分解酒中的其他产物，如乙酸以及双乙酰、乙偶姻等 C_4 化合物。乳酸细菌的代谢活动改变了葡萄酒中醛类、酯类、氨基酸、其他有机酸和维生素等微量成分的浓度及呈香物质的含量。这些物质的含量如果在阈值内，对酒的风味有修饰作用，并有利于葡萄酒风味复杂性的形成；超过了阈值，就可能使葡萄酒产生泡菜味、奶油味、奶酪味、干果味等异味。例如，双乙酰对葡萄酒的风味影响很大，当其含量小于 4mg/L 时对风味有修饰作用，而高浓度的双乙酰则使葡萄酒表现出明显的奶油味。

另外，苹果酸-乳酸发酵对风味的贡献根据采用乳酸菌菌种的不同而有所变化。研究表明，大多数片球菌属、乳杆菌属产生不好的苦感、鼠臭味和黏稠等缺陷。对于具有相同苹果酸和乳酸浓度的不同葡萄品种的葡萄汁，接种同一株乳酸菌进行苹果酸-乳酸发酵，最终风味也不尽相同。苹果酸-乳酸发酵不仅实现了苹果酸到乳酸的转化过程，还由于乳酸菌的代谢作用产生了大量的风味物质。

4. 增加细菌学稳定性

苹果酸和酒石酸是葡萄酒中的两大固定酸。与酒石酸相比，苹果酸为生理代谢活跃物质，易被微生物分解利用。而葡萄酒进行苹果酸-乳酸发酵可使苹果酸分解，苹果酸-乳酸发酵完成后，经过抑菌、除菌处理，使葡萄酒细菌学稳定性增加，从而可以避免在储存过程中和装瓶后可能发生的再发酵。

当然，如果在灌装过程中对设备和管道的灭菌工作不到位，葡萄酒还有可能被其他杂菌污染，致使酒发生变质而浑浊。因此，提高葡萄酒的生物稳定性，不能仅仅依靠苹果酸-乳酸发酵，而要对酿造和灌装过程进行全方位的监控。

五、乳酸菌可引起的病害

在不含糖的干红和一些干白葡萄酒中，苹果酸是最易被乳酸细菌降解的物质，尤其是在pH值较高（3.5～3.8）、温度较高（>16℃）、SO_2浓度过低或苹果酸-乳酸发酵完成后。如果不立即采取终止措施，几乎所有的乳酸细菌都可变为病原菌，从而引起葡萄酒病害。根据底物来源可将乳酸细菌病害分为五类：酒石酸发酵病（也称泛浑病）；甘油发酵病（可能生成丙烯醛，也称苦败病）；葡萄酒中糖的乳酸发酵（也称乳酸性酸败）；微量的糖和戊糖的乳酸发酵；黏稠，伴随着苹果酸-乳酸发酵。

如果在缺少糖源的情况下，先将乙醇转化成乙醛，再将乙醛转化成乙酸。自发的苹果酸-乳酸发酵在触发和发酵时间上是不确定的，可能很快，也可能要经过很长时间，这段时间里会增加腐败性细菌（如醋酸菌）生长繁殖的可能性，特别是在低SO_2和低pH值这样适于细菌生长的情况下危险就更大。因此，要想在乙醇发酵后的短时期内完成苹果酸-乳酸发酵，需要添加选择性的乳酸菌菌株发酵剂，以确保苹果酸-乳酸发酵的顺利完成。

第四章

红葡萄酒的酿造工艺

第一节　发酵辅料

一、果胶酶

酶作为一种生物反应催化剂被广泛应用于葡萄酒酿造中，利用酶制剂来改善葡萄酒酿造中的特定工艺，能够确保葡萄酒的质量，帮助酿酒师最大限度充分利用原料的优良品质。目前工业生产中广泛应用复合果胶酶，包括果胶裂解酶（pectin lyase，PL）、果胶酯酶（pectin esterase，PE）和聚半乳糖醛酸酯酶（polygalacturonases，PG）等。

1. 果胶酶在葡萄酒酿造中的作用

葡萄中含有的大量果胶会导致澄清困难、出汁率低、过滤效率低下等问题。同时，在浸渍过程中，这些存在于葡萄皮和果肉中的大量果胶会阻碍色素和单宁的浸提、溶解和稳定，从而增加了葡萄酒酿造的难度。

（1）提高出汁率　在适宜时机添加果胶酶，果胶裂解酶（PL）可使果胶的长分子链断裂，形成众多的短链果胶分子；而果胶酯酶（PE）和聚半乳糖醛酸酯酶（PG）将短链果胶水解成更小的分子，从而提高出汁率。

（2）澄清作用　果胶酶可加速葡萄汁中悬浮物的沉淀，其原理是果胶酶破坏葡萄汁中胶体平衡，使其得以凝聚并沉降分离。因为经果胶酶快速澄清处理后的葡萄汁，其果汁与固形物接触的时间减少，进一步降低了葡萄酒出现某些不良气味（如生青味、泥土味）的机会。

（3）浸提芳香物质和有益多酚　在传统浸渍工艺过程中，细胞内的有益多酚物质（如色素、单宁等）在向外扩散的过程中会被细胞壁所阻碍。在此情况下使用浸渍果胶酶，一方面可加速色素和单宁的浸渍溶解，另一方面还可提高色素和单宁的稳定性。

另外，果胶酶中的糖苷酶可以水解以糖苷形式存在的结合态芳香物质，释放出游离的芳香物质。

在现代化酿酒工艺中，由于果胶酶能够快速出色地完成对天然优质花色素和葡萄单宁等有益多酚物质的大量浸提，提高了葡萄汁中有益颜色和风味成分的含量，进而改善葡萄酒的呈色质量和酒体。

2. 影响果胶酶的主要因素

（1）温度　温度对果胶酶活性的影响很大，温度为45℃时果胶酶活性最大，但对葡萄酒酿造而言，此温度是不适宜的。通常葡萄酒酿造的理想温度为14～32℃，而白葡萄酒的发酵温度更低（14～20℃），这对果胶酶的活性影响很大。通常在低温条件下会产生两个结果：一是葡萄汁的黏度增加，会降低固体物质的沉降速度；二是果胶酶活性下降。

（2）pH值　对大部分果胶酶而言，最理想的pH值是4.5左右，而这个pH值在葡萄汁中基本不可能出现。通常，果胶酶作用于葡萄汁或酒的pH值为2.9～3.5。不同的pH值，对果胶酶活性的影响很大。如果pH值过低（pH<3.2），果胶酶的活性会下降，应通过增加果胶酶用量来达到处理效果。特别要注意，针对pH值高于3.6～3.7的葡萄酒，果胶酶的活性显著增强，但在实践中却会由于静电现象而导致沉降困难。

（3）其他辅料对果胶酶的影响　酿酒辅料对果胶酶的影响见表4-1。

表4-1　酿酒辅料对果胶酶的影响

酿酒辅料	对果胶酶的影响
单宁	无特别影响，但应避免同时添加果胶酶和单宁
SO₂	在国标范围内无影响，应避免同时添加果胶酶和SO₂
皂土	根据不同质量，当皂土瞬时浓度>200g/t时会导致果胶酶活性下降，故在白葡萄酒酿造中，皂土的添加时机非常重要

3. 添加方法

在使用前半小时左右，用10～20倍20℃软化水完全溶解果胶酶，几分钟后即可加入到葡萄汁或葡萄酒中。

二、二氧化硫

在葡萄酒酿造中几乎到处都用到二氧化硫，它是必不可少的辅料添加剂之一，目前还没有可以完全替代的辅料。

1. 二氧化硫的作用

（1）杀菌作用　微生物抵抗二氧化硫的能力不一样，细菌最敏感，葡萄酒酵母抗二氧化硫能力较强（250mg/L）。二氧化硫可使部分微生物保持繁殖，而抑制其他微生物的生长，被抑制的微生物多数是对葡萄酒酿造起不良影响的微生物，能保持繁殖的微生物大多属酵母类，使优良酵母获得良好的发育条件，保证正常发酵。

（2）澄清作用　添加适量的二氧化硫，推迟了发酵的开始，有利于葡萄汁中悬浮物的沉降，使葡萄汁很快获得澄清。

（3）抗氧作用　二氧化硫能防止酒的氧化，特别是阻碍和破坏葡萄中的多酚氧化酶，包括健康葡萄中的酪氨酸酶和霉烂葡萄中的虫漆酶，减少单宁、色素的氧化。二氧化硫对于防止氧化浑浊的生成，保持葡萄酒的香气都有很大好处。

（4）溶解作用　由二氧化硫生成的亚硫酸有利于果皮中色素、无机盐等成分的溶解，可增加浸出物的含量和酒的色度。

（5）增酸作用　二氧化硫可一定程度地抑制分解酒石酸、苹果酸的细菌，又与苹果酸及酒石酸的钾钙等盐作用，使它们的酸游离，增加了不挥发酸的含量。同时，亚硫酸溶于葡萄汁或葡萄酒中而氧化为硫酸，也会使酸浓度增大。

2. 二氧化硫存在形式

二氧化硫在葡萄酒中主要以两种形式存在：游离形式（称游离二氧化硫）；与酒中某些分子结合成化合物形式（称结合二氧化硫）。SO_2 的存在形式如图4-1所示。

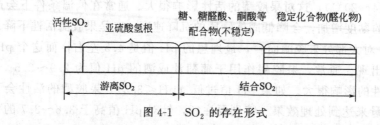

图4-1　SO_2 的存在形式

（1）游离二氧化硫　二氧化硫加入葡萄酒中，与水结合成亚硫酸，亚硫酸具有不稳定性，易挥发而消失：

$$SO_2 + H_2O \Longrightarrow H_2SO_3 \Longrightarrow HSO_3^- + H^+$$

以上化合物所含有的二氧化硫总称为游离二氧化硫，其中分子态二氧化硫或亚硫酸（溶解态 SO_2）具有挥发性和刺激性，具有杀菌作用，称为活性二氧化硫。一般认为，人对活性二氧化硫的感官阈为 $0.8 \sim 2mg/L$。为了保护酒的品质，使其不易被氧化，一般推荐活性二氧化硫：

干红：$0.5 \sim 0.6mg/L$。

干白：$0.8mg/L$。

甜白：$1.5 \sim 2.0mg/L$。

随着温度和酒度的升高，分子态 SO_2 浓度会升高，其杀菌作用也会增强。另外，分子态 SO_2 也取决于溶液的 pH，pH 值越低，分子态 SO_2 浓度越高。

（2）结合二氧化硫　二氧化硫可以与葡萄酒（汁）中的醛、糖、色素等化合物结合成稳定性不同的结合 SO_2（结合亚硫酸）。结合二氧化硫在很大程度上失去防腐性。

a. 与乙醛结合生成较稳定的乙醛亚硫酸，可以除去过多乙醛带来的过氧化味。

b. 与糖（醛糖）化合生成葡萄糖亚硫酸，它的反应速率比醛反应要慢很多，并且很不稳定。即使葡萄汁中有大量糖存在，亚硫酸也不会全部与糖反应，一部分二氧化硫仍然处于游离状态。

c. 与花色素结合生成不稳定的无色亚硫酸色素化合物，有色葡萄酒或汁用亚硫酸处理后，颜色变淡或呈无色。当葡萄酒或汁加热或搅拌时，葡萄酒或汁中的亚硫酸蒸发或氧化，和色素化合的亚硫酸被分解，葡萄酒或汁中的色素被还原。空气中的氧对于亚硫酸色素的化合物的氧化作用比游离态的色素要小得多，因此也可说亚硫酸处理对葡萄酒和葡萄汁的色泽起保护作用。但在酿制红葡萄酒时，过多地使用二氧化硫也是不当的，因为色泽减弱以后要恢复原来的色泽需要很长的时间。

3. 二氧化硫的来源

（1）固体　偏重亚硫酸钾（$K_2S_2O_5$），又名双黄氧、焦亚硫酸钾，白色结晶，理论上含二氧化硫 57.6%（实际按 50% 计算），需保存在干燥处，目前在国内葡萄酒厂普遍使用。使用时，先将 $K_2S_2O_5$ 用水溶解，以获得 12% 的溶液，其二氧化硫含量为 6%。

（2）液体　可将二氧化硫溶解为亚硫酸后再进行使用。二氧化硫的水溶液浓度最好为 6%，使用起来比较方便。

4. 二氧化硫的影响

(1) 对葡萄酒的影响　二氧化硫具有挥发性，具有刺激性的"硫味"和"灼烧"感（游离二氧化硫为 $15\sim40mg/L$ 时便可被察觉出来）。另外，在酵母的代谢过程中，也能产生 H_2S。H_2S 通常具有臭味、大蒜味或洋葱味，每升葡萄酒中含几十至几百微克 H_2S 便对感官刺激明显，对风味破坏极大。二氧化硫与乙醛的结合，限制了甘油与乙醛的缩醛反应，抑制了利口葡萄酒陈酿香气的形成。

花色苷是花色素和糖苷的化合物，也是红葡萄酒中重要的呈色物质，而二氧化硫易与花色苷结合，生成无色的加成产物。虽然在陈酿期间，与二氧化硫结合的花色苷游离而重新呈色，但色泽减弱以后要恢复原来的颜色需要很长时间，无法弥补颜色损失。此外，二氧化硫可抑制颜色更为稳定的花色苷-单宁聚合物的形成，对葡萄酒的颜色产生更严重的影响。总之，二氧化硫可降低红葡萄酒的色度，其降低程度决定于二氧化硫浓度和花色苷含量。

二氧化硫能抑制咖啡酸和谷胱甘肽的酶促反应，使易氧化的酚留在酒中，增加了陈酿过程中葡萄酒的褐变可能性；二氧化硫也会与橡木成分发生反应而生成木素磺酸，木素磺酸释放 H_2S，H_2S 与木材中的吡嗪反应生成具有霉味的硫吡嗪，浸出后污染葡萄酒；在葡萄酒的发酵和成熟过程中，二氧化硫与硫胺素反应而破坏其有效性，降低葡萄酒中维生素的含量。

此外，在葡萄酒中普遍存在的含硫化合物的氧化还原对，都表现出较低的标准氧化还原电势，而且大部分为负值。这一特性使它们具有较强的还原能力，但是，对于对氧化还原敏感（氧化还原缓冲能力弱）的葡萄酒，它们也可使葡萄酒具有还原味。

Usseglio Tomasset 认为，对于白葡萄酒，由于二氧化硫可与乙醛结合，降低乙醛产生的过氧化味，同时因二氧化硫具有抗菌和抗氧化作用，因此在适量使用的条件下，可保持葡萄酒的质量和风格。但对于红葡萄酒，即使是少量的二氧化硫，也会影响葡萄酒的颜色，而且对其香气和口感都会带来不良影响。所以，虽然二氧化硫能保证白葡萄酒的质量，但 SO_2 绝不是红葡萄酒的理想添加剂。

(2) 对人体健康的影响　20 世纪 80 年代以来，人们开始关注硫对健康的影响。1981年，Baker 等注意到亚硫酸盐可以使一部分哮喘病人诱发哮喘，严重时有生命危险。Tayler 等报道，亚硫酸盐还可能引起荨麻疹和腹泻等有害反应。经 FASEB 重新评价亚硫酸盐安全性后认为：二氧化硫对动物（鼠）半数致死量（LD_{50}）为 $3g/kg$ 体重。气体二氧化硫毒性较大，其对眼和呼吸道有强烈刺激作用，$1L$ 空气中含数十毫克二氧化硫即可使人死亡。我国《食品安全国家标准 食品添加剂使用标准》（GB 2760—2014）规定：二氧化硫在车间空气中的最高允许浓度为 $1.5mg/m^3$。二氧化硫可用于葡萄酒与果酒中，其最大使用量为 $25g/kg$，其在酒中残留量不得超过 $0.05g/kg$（以游离二氧化硫计）。葡萄与葡萄酒组织（OIV）规定：葡萄酒中总二氧化硫残留量，在红葡萄酒含还原物最高 $4g/L$ 时允许 $175mg/L$；桃红和白葡萄酒含还原物最高 $4g/L$ 时允许 $225mg/L$；红、桃红和白葡萄酒含还原物大于 $4g/L$ 时允许 $400mg/L$；特殊的白葡萄酒允许 $400mg/L$。世界卫生组织（World Health Organization，WHO）规定：酒中二氧化硫的最大日摄入量（MDI）为 $0.7mg/(kg\cdot d)$。因此，对于葡萄酒而言，允许每瓶的安全剂量为：红葡萄酒（如游离二氧化硫不超过 $30mg/L$）一天之内可饮两瓶；白甜葡萄酒（如游离二氧化硫为 $50mg/L$）一天之内只能饮一瓶。美国食品药品管理局（Food and Drug Administration，FDA）把二氧化硫从食品添加剂 GRAS（一般认为安全）一类中去除，并规定如果产品中游离二氧化硫含量超过 $10mg/L$ 时，必须在标签上注明二氧化硫含量。

也有专家提出，由葡萄酒中所摄入正常剂量的二氧化硫不会有害，对二氧化硫敏感程度因人而异。人体在正常代谢中可产生 25mg 的二氧化硫，这些硫化物可在 24h 内排泄掉。但为了安全与健康，应尽可能保持葡萄酒中较低的二氧化硫水平。

5. 二氧化硫的添加

二氧化硫的浓度与偏重亚硫酸钾、亚硫酸的使用量的计算：

（1）破碎、发酵启动以前　　根据葡萄的健康状况添加 30～80mg/L 二氧化硫。每 1g 焦亚硫酸钾可以产生 0.5g 的二氧化硫，现目标浓度是 30mg/L，则 1L 葡萄醪需要焦亚硫酸钾的量为 30÷0.5=60(mg/L)，也就是 1L 葡萄醪需要加入 0.06g 的焦亚硫酸钾。将偏重亚硫酸钾加入 10 倍的温开水、葡萄汁中搅拌化开，10min 后，加入罐中拌匀。

若用 6% 的亚硫酸溶液，1L 葡萄醪需要用 6% 亚硫酸溶液的量为 30÷0.06=500(mg/L)，也就是 1L 葡萄醪需要加入 0.5g 的 6% 亚硫酸溶液。

对于酿造红葡萄酒的原料，应在葡萄破碎除梗后泵入发酵罐时立即进行，并且一边装罐一边加入二氧化硫。装罐完毕后进行一次倒罐，以使所加的二氧化硫与发酵基质混合均匀。切忌在破碎前或破碎除梗时对原料进行二氧化硫处理，造成二氧化硫不能与原料混合均匀。由于挥发和固体部分的固定而损耗部分二氧化硫，达不到保护发酵基质的目的。在破碎除梗时，二氧化硫气体可腐蚀金属设备。

对于酿造白葡萄酒的原料，二氧化硫处理应在取汁以后立即进行，以保护葡萄汁在发酵以前不被氧化。应严格避免在破碎除梗后、葡萄汁与皮渣分离以前进行二氧化硫处理，因为部分二氧化硫被皮渣固定，从而降低其保护葡萄汁的效应。二氧化硫的溶解作用可加重皮渣浸渍现象，影响葡萄酒的质量。

（2）在葡萄酒陈酿和储藏时，游离二氧化硫为 20～30mg/L，倒罐时补充硫，保证游离硫的量。一般可粗略认为，在加入的二氧化硫中，2/3 以游离状态存在，1/3 以结合状态存在。

例如：测得某酒中游离二氧化硫为 10mg/L，需要使其保持在 30mg/L，共有 30t 酒，需要多少 6% 的亚硫酸？

$$(30-10)×3/2=30(mg/L) \quad 30×30/6\%=15000(mL)=15(L)$$

在葡萄酒陈酿和储藏过程中，必须防止氧化作用和微生物的活动，以保护葡萄酒不变质。因此，必须使葡萄酒中的游离二氧化硫含量保持在一定水平上。在储藏过程中，葡萄酒中游离 SO_2 的含量不断变化。因此，必须定期测定，调整葡萄酒中游离二氧化硫的浓度。在进行调整前，应取部分葡萄酒在室内观察其抗氧化能力。

（3）成品灌装时，游离硫为 30mg/L，应保证灌装后在瓶中的酒不氧化、不变质。

三、酵母

1. 酵母选择

酵母是酿造葡萄酒的必备条件，葡萄酒的质量特性取决于所选的酵母。在现代工业中，大多数酿酒师会选择商业复合酵母，酿酒师会根据葡萄品种、糖含量、酵母竞争、气候、酿酒工艺流程、酒的风格、期望获得的特殊芳香风味来选择不同的酵母。

然而在某些酿酒师看来，与使用多种不同类型的野生酵母酿造的酒款相比，依靠商业酵母推出的酒款终究是少了一些复杂度。更有甚者认为野生酵母优于商业酵母的地方，不仅在于它们为酒款提供复杂度，更主要的还是在于一种对风味特征的还原能力。

2. 酵母添加

在酵母添加操作过程中需要遵守一些操作准则。酵母的活化过程必须在一个充分洁净的容器内进行，并依次加入以下物质：37℃的温水，如果需要的话可以添加酵母助剂，然后添加活性干酵母（20g/100L）。禁止在酵母活化阶段添加葡萄果汁，因为在酵母活化过程中，所添加的活性干酵母的能力还相对弱，而果汁中的野生酵母在这一阶段会相对表现活跃。酵母的水解活化过程需要20min。蔗糖在酵母的活化过程中是可加可不加的，在这一过程中酵母是不会对蔗糖起代谢作用的。加糖的作用无非是帮助酵母在活化过程中控制压力，让酵母的膨胀缓慢些。因此，加糖操作可以根据酿酒师的喜好来自由选择添加与否，而果汁是严禁使用的。

另外，如果温差（活化后的酵母混合液与需要接种的发酵罐之间的温差）大于10℃的话，酵母会很难在发酵罐中生存并接种。因此需要缓慢地在活化后的酵母混合液中加入相同质量的果汁，降低酵母混合液的温度，使其尽可能接近发酵罐中果汁的温度。但是需要注意：这一系列准备工作（活化酵母混合液的制备＋活化后添加果汁的降温操作）时间不能超过45min。当酵母混合液添加进发酵罐中后，建议做一次循环，使其均匀一致。

3. 酵母再启动

几乎每个酿酒师都会有发酵中止的经历，从乙醇发酵刚开始启动到将近结束都有可能发生，尤其发酵将近结束时要注意。如果乙醇发酵中止就需要重新启动，启动方法如下。

（1）准备重启酵母活化液　首先，选择专业重启酵母，或乙醇耐受度高且发酵能力强的其他常被用于重启的酵母。其次，按照500g/t酒的添加量，计算出处理全部停滞酒液所需酵母量。若缺乏很好的温控设施，建议将添加量加倍（即按1000g/t酒计算）。随后，再计算出需要活化剂的用量（按酵母用量的1.25倍计）。然后，用其质量20倍的43℃纯水溶解活化保护剂制成悬浮液，温和搅动冷却至40℃。接着，将重启酵母加入上述制备好的悬浮液中，轻柔搅动避免结块，制成酵母活化液，静置15～30min，将制备好的酵母活化液加入初始启动酒-水-糖混合液中。

（2）制备初始启动混合液　停滞发酵酒液中的营养含量往往极低，无法支持重启酵母的生长与繁殖。此外，重启酵母也需要逐步适应酒液中的高酒度。

制备初始启动混合液步骤：

a. 取总体积2.5%的停滞发酵的葡萄酒；

b. 加入相同体积的纯水中形成混合液（酒＋水）；

c. 按500g/t混合液的比例加入发酵助剂，搅拌均匀；

d. 用葡萄汁、葡萄浓缩汁或糖调整上述混合液的糖度至5°Bx；

e. 制备好初始启动混合液后，将其温度调整至25～30℃。

（3）启动发酵并分批加入停滞酒液

a. 将以上准备好的酵母活化液缓慢加入制备好的初始启动混合液中，温度维持在20～24℃。

b. 监测启动混合液中糖含量水平，当下降一半（约2.5°Bx）时，加入一批停滞发酵的酒液，温度维持在20～24℃。注意：非常关键的一点是不要耗尽所有糖分，应分批加入停滞发酵的酒液，每次添加量为总量的20%（共计添加5次）。

四、酵母保护剂和发酵助剂

对于酵母菌种，认知它，善待它，才能使其充分发挥"才能"，这是完美实现乙醇发酵的最基本保障。为此研究者提出两个策略：一是酵母保护和有效激活策略；二是酵母营养补足和有效保障策略。为酵母生长繁殖补充营养物之前，首先要确保酵母受到良好的保护并处于安全卫生的环境中，这样才有利于酵母在不适宜生长的困难发酵条件下增强繁殖活力。对于完整的乙醇发酵过程来说，良好酿酒规范既包括对酵母的良好保护作用，又包括全面的营养保障策略。只有最大限度地避免发酵不正常问题的出现，才能把不良发酵副产物对葡萄酒的香气和口感造成危害的风险降到最低。

1. 酵母活化保护剂

酵母活化保护剂提供的各种保护性营养物，是提高酵母代谢能力和活化率所必需的。首先，酵母活化保护剂富含的细胞膜脂质和甾醇类物质能够形成疏水性胶束，能大大改善酵母菌的繁殖力、抵抗力和适应环境能力；其次，源自酵母活化保护剂的磷脂、细胞壁特殊多糖和甾醇等形成的大分子团，能够与酵母细胞膜相互作用，改变原生质膜结构，大幅提高酵母细胞膜内甾醇与不饱和脂肪酸的含量，有利于维持细胞膜流动性，极大提高细胞抵抗乙醇毒害的能力，抑制胞内有益物的溶出；再次，借助酵母活化保护剂活化和激活的酵母活化液，可以帮助酵母抵抗高糖葡萄汁高渗透压带来的冲击，使酵母快速适应葡萄醪环境，迅速启动发酵；最后，在活化和接种过程中，酵母会将自身细胞内物质转移到子代细胞中，导致子代细胞膜越来越薄，如果使用酵母活化保护剂活化和激活，为子代细胞补充了充足的微量营养物质，提高了子代细胞的活性和活化率，保证了接种和启酵的迅速和平稳正常。

在使用活化保护剂时，准备所需酵母质量 20 倍的纯净水，加热至 42℃，然后慢慢加入 30g/100L 葡萄汁的酵母活化保护剂，充分搅拌均匀（避免结块），待温度降到 35～40℃时加入酵母，其他步骤按酵母活化步骤进行。

2. 发酵助剂

由于酵母快速生长繁殖，在发酵开始的数小时内，葡萄汁固有的氮源很快被消耗掉，尤其当葡萄原料遭霉菌感染，或酵母的接种量不足及工厂采用串罐发酵时。酒厂常用的补氮方法是添加 DAP（无机氮）和复合营养剂（有机氮）。氮对于细胞壁蛋白质的生物合成与细胞内外糖分运输必不可少。除了氮源，微量营养物质一旦缺乏，其负面影响必然会在酒中显现。富含氨态氮、氨基酸、维生素、矿物质、多聚糖、不饱和脂肪酸和甾醇等乙醇发酵所需要的几乎全部物质的营养包，不仅有助于酵母生长繁殖，促进芳香物质的释放，还能保障低挥发酸产量，保障乙醇发酵的完美、安全、稳定和完整，从而最大限度地奠定葡萄酒良好的感官基础。VTM2 是维生素 B_1（硫胺素）和氨态氮的营养源复合制剂，易被酵母吸收利用，可促进酵母繁殖，有助于一类香气的释放，能很好地提高香气质量。

生产中，氮源投放可分为三次，即发酵开始阶段、进行到 1/3 时和发酵醪密度达到 1060～1070kg/m³ 时。

五、单宁

由葡萄带入葡萄酒中的单宁，主要来源于葡萄皮和葡萄籽。其中，葡萄籽单宁苦涩度较高，口感较为粗糙，生产中应尽量避免其进入葡萄汁中；而源于葡萄皮的单宁，则更为细腻且不失结构感，是酿酒师们极力想保留到酒液中的优质单宁。然而，由于葡萄种植条件、成熟状况和酿造工艺的影响，往往会使酒品中的这些天然优质单宁含量不足或不稳定，极易造成酒品口感乏味淡薄、颜色稳定性差、耐储性不强等缺陷。因此，如何保证所酿葡萄酒中单宁的品质和含量，一直是全球酿酒师关注的问题。值得欣喜的是，随着对葡萄酒酿造工艺认识的不断加深，目前已有越来越多的酿酒师意识到在加强葡萄园管理的基础上，在酿造过程中，人为适当地为酒液补充专业酿酒单宁，对于弥补酒品单宁的不足和提高葡萄酒的整体品质是非常重要的。也正因如此，那些纯天然、高品质和专业性强的酿酒单宁产品在全球范围内正在受到越来越多酿酒师的青睐。

1. 单宁在葡萄酒酿造中的应用

（1）用于葡萄生长不好的年份　葡萄成熟度不够、降雨量多烂果严重或树龄短时会造成天然单宁缺乏。在葡萄酒酿造工艺的乙醇发酵过程中添加特定的单宁，可稳定色泽，增加酒体结构及陈酿潜质；去除少量蛋白质以免浑浊；保护葡萄中的花色素不受烂果的影响。

（2）用于陈酿过程　补充制成酒中的单宁，一方面易于增加酒体结构及陈酿潜质，抑制残余的漆酶活性，同时可避免在橡木桶中陈酿时发生干燥现象；另一方面单宁有极强的抗氧化能力，可避免在陈酿过程中香气成分被氧化。

2. 使用方法

（1）用量确定　在大生产前，应根据葡萄原料质量状况，如是否有烂果、成熟程度及酿造酒的类型，并结合测试酚类以及各种成分的具体含量确定是否需要加入单宁和加入量。

（2）单宁溶液的制备与添加　在使用前半小时左右，将单宁放入其10倍质量的35～40℃的软化水中溶解，然后将单宁溶液均匀加入果汁或酒中，用泵在倒罐过程中添加。

第二节　原料处理工艺

一、原料接收与分选

1. 葡萄原料的接收

原料从葡萄园到酒厂，不同酒厂的盛装容器也会有所不同。一些酒厂选择25kg塑料筐（图4-2），而有一些大酒厂则使用500kg的周转箱（BIN），这种装载系统配合电动叉车（图4-3和图4-4），效率和便捷性是人工搬运塑料筐不可达到的。

但不管哪种盛装容器和运输方式，采收过程和运输过程应尽量防止葡萄之间的摩擦、挤压，保证葡萄的完好无损，防止葡萄的污染和混杂。盛放容器的清洗也很重要，每一批筐倾倒完毕后都要进行清洗，避免霉菌和泥沙在筐里残留。

图 4-2　25kg塑料筐

图 4-3　500kg 周转箱（BIN）

图 4-4　电动叉车配套周转箱

2.原料分选

随着酿酒工业的发展，分选设备也从单一的传送带发展到振动筛选机（图 4-5）和光电粒选机（图 4-6）。这些现代先进设备大大地提高了效率和原料质量，为酿造优质葡萄酒提供了坚实的基础。

图 4-5　葡萄振动筛选机

图 4-6　葡萄光电粒选机

二、除梗破碎

1.除梗

除梗是指将果梗从果粒中剥离开，因为果梗中含有非常多的劣质单宁，如果被带入葡萄醪中参与发酵会产生生青味或植物味。一些设备是先除梗后破碎，而另一些设备则相反。不过酿酒师更喜欢先除梗后破碎，因为这样会使进入葡萄醪中的梗更少。除梗的优缺点如表4-2所列。

表4-2 除梗的优点和缺点

除梗优点	除梗缺点
节省空间(梗占总重3%~7%,且占体积30%),减少了发酵醪,果渣量较少,容易操作	增大发酵的难度,温度升高迅速;
改良风味(果梗带有生青味、植物味);	增大皮渣压榨的难度;
提高葡萄酒的酒度(果梗中含有水分,没有糖,且吸收乙醇);	提高葡萄酒的酸度(果梗含酸量低,同时梗中含有丰富的钾);
提高色素含量(短期避免吸收色素)	加重氧化破败病

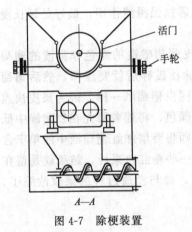

活门

手轮

A—A

图 4-7 除梗装置

除梗装置主要由筛筒和除梗螺旋等组成，如图4-7所示。除梗螺旋叶片与轴均用不锈钢制造并焊接而成。当葡萄进入料斗内后，在螺旋的推动下进入筛筒，梗在除梗螺旋叶片的作用下被除去。

活门的开度大小可通过手轮调节，以满足不同除梗率要求。当工艺要求为完全不除梗时，活门可全部打开，葡萄可直接进入破碎装置进行破碎，此时除梗装置停止运转。

某些情况下，酿酒师甚至会把成熟的果梗加入葡萄醪中，这样就增加了单宁含量和成分复杂度。例如，黑比诺葡萄酒中单宁含量较低，一些酒厂选择保留部分绿梗（含有高单宁）进行发酵，然后和其余的黑比诺进行调配，增加了成分复杂度和色素稳定性。

2.破碎

破碎是将果皮挤破，使果汁释放的过程。通常除梗破碎机是连体的，这两项操作通过机械设备相继完成。破碎的优缺点见表4-3。

表4-3 破碎的优点和缺点

破碎优点	破碎缺点
分离出汁,利于泵送;	如果葡萄腐烂,通气易引起氧化;
促进酒帽的形成;	高温地区发酵太迅速;
促进通气,利于酵母的繁殖;	放出了籽,浸渍过多苦涩物质;
促进浸渍,利于固液相接触	加重氧化破败病

破碎装置（图4-8）由一对破碎辊组成。破碎辊的形式有多种，常用的为花瓣形。调整两破碎辊的中心距，以满足不同破碎率的要求。破碎辊材料为橡胶，防止破碎时撕碎果皮、压破种子和碾碎果梗。

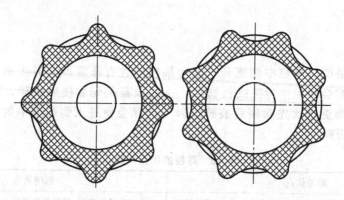

图 4-8　破碎装置

破碎装置下部设有四个轮子，可使装置沿纵向移动。当工艺要求完全不破碎时，可将装置推向右边，使经过或未经过除梗的葡萄直接由螺旋排料装置排出。通过调节破碎辊的轴间距，可达到不同的破碎率要求。在破碎过程中应注意：降低葡萄汁中悬浮物含量，避免撕碎果皮、压破种子、碾碎果梗。

在生产优质葡萄酒时，只将原料进行轻微的破碎。如果需加强浸渍作用，最好是延长浸渍时间，而不是提高破碎强度。

如果想酿造粉红葡萄酒"Blush Wine"（专指由黑色果皮葡萄酿造的颜色非常浅的葡萄酒，现在这种酒指带有一丝甜味的桃红葡萄酒），葡萄经过除梗破碎后就要压榨，然后葡萄汁经过热交换器泵送至发酵罐中澄清及倒罐，这个过程操作同白葡萄酒一样。因为果皮快速与葡萄汁分离，所以葡萄汁的颜色非常浅。如果需要更深的颜色，将葡萄醪先在发酵罐中低温浸渍几小时，直到期望的色度出现再进行压榨。如果酿酒师想要增加红葡萄酒中的单宁含量，改善颜色和酒体，他们会选择在发酵早期放出果浆中的一些粉红色果汁，结果就是留在发酵罐中的红葡萄酒加强了。这是因为果浆中的果汁减少了，参与浸渍过程的果浆浓缩了，这种工艺叫作放血法（saigneé）。

三、浸渍工艺

1. 果皮中多酚物质的分类

果皮浸渍是红葡萄酒酿造中非常重要的一个环节，因为它影响酒的风格特点、陈酿期和总体质量。葡萄中的多酚物质分布在果皮（50%）、果籽（45%）和果肉（5%）中，如表 4-4 所列。白葡萄酒的酚类物质非常少，因为它是去皮发酵，所以仅有一小部分浆果中的酚类物质进入葡萄醪中。而在红葡萄酒酿造过程中，发酵醪中含有果皮和果籽，它们中的酚类物质会随着发酵的进行溶解到葡萄酒中。因为优质多酚和芳香物质集中分布在果皮上，所以果皮浸渍变得异常重要。在葡萄酒学中，我们将多酚分为色素（pigment）和无色多酚（单宁）两大类。除少数染色品种（红肉品种）外，葡萄浆果的色素只存在于果皮中，主要有花色素和黄酮两大类。花色素（anthocyanidin），又叫花青素，是红色素（或呈蓝色），主要存在于红色葡萄品种中；而黄酮（flavone）则是黄色素，在红色和白色葡萄品种中都有。色素和单宁是构成红葡萄酒的主要物质，所以酿酒师的工艺操作都是围绕浸提多酚物质进行的。

表 4-4　果皮中多酚物质的分类

色素	黄酮	堪非醇、槲皮酮、杨梅黄酮
	花色素	青醇、水芹醇、飞燕草醇、锦葵醇、矮牵牛醇
单宁	酚酸	苯酸类：五倍子酸、儿茶酸、香子兰酸、水杨酸 苯丙烯酸类(肉桂酸)：香豆酸、咖啡酸、阿魏酸
	聚合多酚	儿茶素、原花色素
	单宁	缩合单宁：儿茶素、表儿茶素、棓酸表儿茶素、表棓儿茶素 水解单宁：棓酸单宁或焦棓酸单宁等

2. 酚类物质的浸提

在酿造过程中，酚类物质的浸提率不仅取决于葡萄品种，还与温度、酒度、SO_2浓度和浸渍时间有关。温度越高，酒度越高，SO_2浓度越高，浸渍时间越长，酚类物质浸提浓度也就越高。年轻的红葡萄酒中，总酚类物质含量在 $150 \sim 2500 mg/L$ 之间，白葡萄酒则在 $10 \sim 500 mg/L$ 之间。

如图 4-9 所示，葡萄中的色素在头几天内快速溶出，色度在第 8 天达最大，然后下降而趋于稳定。单宁开始溶出较慢，但它的含量在果皮接触期内持续上升。因此酿酒师根据葡萄品种和葡萄酒类型可以选择合适的时机分离果皮。如果发酵启动后不久就分离果皮，就可以酿造色泽鲜红、单宁感弱的新鲜型葡萄酒；相反，如果果皮浸渍时间很长（乙醇发酵结束后延长浸渍），单宁浸提率就很高，这种葡萄酒单宁感强，酒体重，适合陈酿。下面简要介绍三种果皮浸渍处理方式酿造不同类型的葡萄酒。

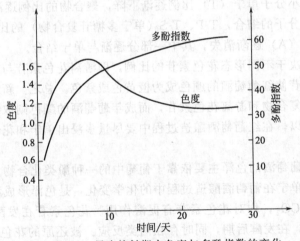

图 4-9　果皮接触期内色度与多酚指数的变化

（1）**不进行浸渍**　除梗破碎后立即压榨取汁，通常酿造白葡萄酒或粉红葡萄酒用这种方式。

粉红葡萄酒是 20 世纪 80 年代在美国非常流行的一种酒，酒体轻盈，果香浓郁，通常是半甜型，有 $20 \sim 30 g/L$ 的残糖。但是，这种葡萄酒都有一个共性的问题：几个月之内颜色很快由鲜红色变成了暗红色，并且新鲜的果香很快消失，所以对消费者失去了吸引力。至少在赤霞珠和增芳德两个品种身上，这种问题很普遍。一般的解决方案是在葡萄除梗破碎后尽量避免 SO_2 的使用，允许部分色素氧化和聚合，这样装瓶后只要保持 $30 mg/L$ 的游离 SO_2，就会保持颜色鲜亮。

（2）短期浸渍　乙醇发酵之前，保持葡萄醪低温果皮浸渍6～24h，粉红葡萄酒就变成了桃红葡萄酒。桃红葡萄酒颜色的稳定性依靠果皮较长时间的浸渍。时间越长，色素稳定性越高。压榨之后取汁发酵，酿造同干白一样，2个月后便可装瓶，几个月后最适合饮用。这种桃红葡萄酒颜色鲜亮，果香浓郁，单宁感较弱。

（3）长期浸渍　该方式主要用在乙醇发酵期和发酵结束后。这种浸渍方式至少持续2～3周，甚至会持续1个多月（适合单宁高、陈酿力强的葡萄酒）。

总之，葡萄品种、葡萄酒风格和陈酿时间决定了浸渍所需时间。

3. 单宁和色素稳定性

许多葡萄品种本身的单宁、色素稳定性强（如佳丽酿、西拉、赤霞珠、增芳德、小味儿多等），而一些葡萄品种（如黑比诺）颜色较淡、单宁含量较低。花色素苷一方面以游离态（A）和与单宁的结合态（T-A）的形式存在于葡萄酒中；另一方面则通过水解为更小的分子（Y）和沉淀，其含量不断下降。通过氧化作用，原单宁可聚合为单宁 T，这种单宁为浅黄色，收敛性最强。通过非氧化性聚合，可形成单宁 TC，其颜色为红黄色，收敛性较弱；如果聚合程度更强，则形成单宁 TtC，颜色为棕黄色；当分子量足够大时，则形成单宁沉淀。除原单宁以外的其他分子也可以参与这些缩合和聚合反应。多糖和肽与单宁分子缩合，形成 TP，可使单宁不表现出其收敛性，从而使葡萄酒更为柔和。单宁的另一种缩合反应需花色素苷参加，从而形成单宁花色素苷（T-A）复合物。T-A 复合物的颜色取决于 A 的状态，但其颜色比游离的花色素苷的颜色更为稳定。因此，这一缩合反应使葡萄酒颜色在成熟过程中趋于稳定。

酚类物质随着时间推移，会向以下三个方向发展：

（1）单宁的聚合，小分子单宁（T）比例逐渐下降，聚合物的比例逐渐上升；

（2）单宁与其他大分子的缩合，T-P、T-S（单宁多糖苷复合物）的比例逐渐上升；

（3）游离花色素苷（A）逐渐消失，其中一部分逐渐与单宁结合。

红葡萄酒的颜色取决于不同形态花色素苷的比例，即游离花色素苷与单宁花色素苷复合物的比例。游离花色素苷使红葡萄酒的颜色成为橙黄色或紫色。总之，新红葡萄酒的颜色主要取决于单宁花色素苷复合物和游离花色素苷，而成年葡萄酒的颜色则取决于单宁花色素苷复合物和聚合单宁。所以，在红葡萄酒酿造过程中要尽量多浸出单宁和花色素苷。

4. 对葡萄酒的影响

（1）葡萄酒色泽　葡萄酒的色泽主要依靠于葡萄中的一种酚类化合物。花色素苷是红葡萄酒的主要色素，它与单宁在葡萄酒酿造过程中的化学变化，是色泽形成和变化的原因。发酵过程中产生的乙醇和 CO_2，均对花色素苷有促溶作用。花色素苷在发酵时，由于还原作用，一部分会变为无色。在发酵后期，同时存在两类反应：被还原的花色素苷又重新氧化，使色泽加深；还原型或氧化型的花色素苷，均有可能因不同的化学反应被部分破坏，或因与单宁缩合而被部分破坏。故在发酵阶段，某些酒液色泽会加深，而某些酒液则色泽变淡，这主要取决于上述两类反应的相对速率。

在新酒中，花色素苷对红葡萄酒色泽的形成影响较大，单宁也有增加色泽的作用，而葡萄酒色泽的成因，主要与单宁有关。但在葡萄酒储存阶段，花色素苷与单宁的缩合继续减少，单宁本身则逐渐氧化缩合，使色泽由黄色变为橙褐色。故葡萄酒在储存过程中，单宁起主要作用。

（2）葡萄酒风味　单宁主要源于葡萄皮和葡萄籽，或者是萃取橡木内的单宁而来。单宁的多少可以决定酒的风味、结构与质地。缺乏单宁的红葡萄酒质地轻薄，没有厚实的感觉，博若莱新酒就是典型代表。单宁丰富的红葡萄酒可以存放数年，并且逐渐酝酿出香醇细致的陈年风味。当葡萄酒入口后口腔感觉干涩，口腔黏膜会有褶皱感，那便是单宁在起作用。红葡萄酒是要保留葡萄皮发酵的，在酿造过程中，酒液还会从橡木中萃取一定的单宁物质。在化学结构上，由葡萄皮浸入的单宁为"缩合单宁"，从橡木中萃取的单宁为"水解单宁"。

单宁是红葡萄酒的"灵魂"，它的主要作用有：为葡萄酒建立"骨架"，使酒体结构稳定、坚实丰满；有效地聚合稳定色素物质，赋予葡萄酒完美和富有活力的颜色；和酒液中的其他物质发生反应，生成新的物质，增加葡萄酒成分的复杂性。

当然，单宁含量与红葡萄酒的质量并不成正比，并不是说单宁含量越高，葡萄酒就越好。好的葡萄酒，应该是乙醇、酸以及单宁相互协调和平衡的结果。

从化学概念来讲，单宁是一种带负电荷的活性分子，红葡萄酒中的单宁分子量一般在500~3000之间。在品酒过程中，单宁分子和唾液蛋白质发生的化学反应，会使口腔表层产生一种收敛性的触感，人们通常形容为"涩"。"涩"需要一定的度，如果感觉"生涩""青涩"，说明这款酒还需要时间来软化。在漫长的陈储岁月里，酒会逐渐变得柔顺，由粗糙变为细致。

单宁具有抗氧化作用，是一种天然防腐剂，可以有效避免葡萄酒因为被氧化而变酸，使长期储存的葡萄酒能够保持最佳状态。所以，单宁对红葡萄酒的陈酿能力具有决定性的作用。一瓶好年份的红葡萄酒，放到10年以后可能才会渐入佳境。

5. 影响葡萄酒中酚类物质浓度的因素

（1）葡萄品种和栽培参数　不同葡萄品种含有的酚类物质不尽相同，所以色度和单宁含量也不同，而且"自然条件"——葡萄园环境（气候、土壤、海拔等）和年份也是非常重要的因素。种植操作（包括灌溉、施肥、叶幕管理等）也影响酚类物质浓度。

（2）发酵温度　乙醇发酵阶段的温度影响浸提率，随着发酵温度升高，浸提率也会升高，原因如下：

a. 高温增强了果皮细胞膜渗透性，使花色素和单宁分子更快释放；

b. 高温提高了葡萄酒中酚类物质的溶解度；

c. 高温加强了溶解成分的扩散作用。

（3）浸渍面积　当葡萄醪泵入发酵罐中添加酵母之前，固相和液相之间产生了扩散作用，这时花色素溶解度最高，所以浸提率也很大。随着发酵期乙醇浓度升高，浸提速度减缓，花色素浓度越来越高，并趋于饱和状态。

乙醇发酵阶段产生了大量的 CO_2，CO_2 促进了酒帽的形成。酒帽造成了果皮和葡萄汁没有了接触面积，热量不能散发出去，提高了酒帽温度。所以要采取措施，一方面使果皮浸渍在葡萄汁中，另一方面要释放热量。

为了加速浸提，尤其是一些大酒厂里，采收期非常短，所以研制出一种特殊的卧式旋转发酵罐，这种发酵罐不需要压帽和循环就能使果皮和葡萄酒液充分浸渍。每天按两个方向旋转几次，因为罐里安装了螺旋叶片，所以旋转罐时就可以搅拌酒帽，使发酵的酒液与皮渣充分接触。为了节省时间，这种工艺操作通常只进行3~4d，然后压榨后转入普通罐中完成发酵。这种机械设备虽然价格昂贵，但有效地节省了时间。而浸提相同量的酚类物质，一般发酵罐则需要8~12d。但问题在于酚类物质的最终含量不仅依赖于果皮和果汁之间的扩散率，还依赖于两相的动态平衡。所以应用这种技术时浸提率可能更高，但受限于不稳定的动态平衡。

在工业生产中，为了增强单宁和花青素含量，还有以下几个举措。

a.冷浸渍：发酵前低温（8～10℃）浸渍。

b.后期浸渍：发酵结束后再存放一段时间。

c.热浸渍酿造：发酵前将整串葡萄预热到 40～80℃，破坏果皮细胞组织。

d.冷冻：发酵前将果粒冷冻也能破坏果皮细胞组织，使果汁浓缩。

第三节　乙醇发酵

一、乙醇发酵产酒率

乙醇发酵机理及影响因素在前面已经详细介绍，本章不作赘述。乙醇发酵是整个酿造过程的核心部分，目的是将糖转化成乙醇，最大限度保留其果香和风味物质，同时控制副产物生成。从理论上讲，发酵产生乙醇达到期望值，同时表现出品种特性、产区特点。理论发酵方程式如下：

$$C_6H_{12}O_6 \longrightarrow 2C_2H_5OH + 2CO_2$$
$$M_W = 180 \qquad M_W = 46$$

式中，M_W 是分子量。从方程式中可以得出 1mol 糖（180g）生成 2mol [2×46=92（g）]乙醇（51%糖质量）。但事实上约有 5% 的糖生成了甘油、琥珀酸、乳酸、乙酸、2,3-丁二醇等副产物，有 2.5% 的糖被酵母作为碳源消耗，还有 0.5% 未参与发酵的残糖。所以大约有 8% 的糖未转化成乙醇，转化乙醇总量为：180g×51%×0.92=84.5g。

乙醇总体积=质量/密度（乙醇在 20℃ 密度为 0.789g/mL）=107.1mL

如果用水将乙醇定容至 1L，总体积缩小 0.7%（例如：100mL 纯乙醇加入 907mL 水中，混合后才是 1L 的 10% 的乙醇溶液），所以 1L 葡萄酒中，180g/L 糖转化成 107.1×1÷（1-0.7%）=108（mL）乙醇，乙醇浓度就是 10.8%。

白利度（°Bx）是指葡萄醪中可溶性固形物浓度，其中约 95% 是糖分，即 1.75（180÷0.95÷108=1.75）°Bx 转化成 1%（体积分数）乙醇，即潜在酒度 0.57°Bx，但在实际实验研究中，这个数值范围在 0.55～0.60 之间，所以公式可表示为潜在酒度=（0.57±0.03）°Bx。

这个公式受以下条件限制：

（1）非糖类固形物部分含量与葡萄品种、产区环境和成熟度相关。葡萄成熟度越低，非糖类固形物含量越高，因此酒度/白利度比越低。

（2）乙醇产量与发酵温度相关，温度越高，产量越低，其中一个原因是高温下有更多副产物生成和乙醇蒸发。

二、乙醇发酵阶段

乙醇发酵阶段最显著的变化是糖度下降和酵母数量的上升。这两个变化描绘成图 4-10 的发酵曲线图。

酵母菌通过出芽方式繁殖，影响其种群繁殖的因素有白利度、温度、营养物质、乙醇浓度、副产物、氧浓度。发酵分为四个阶段。

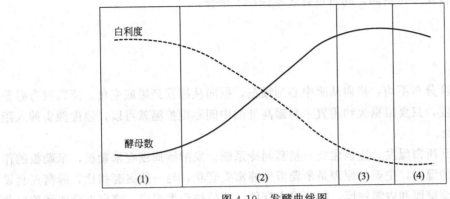

图 4-10 发酵曲线图

（1）迟缓期 在这个阶段酵母菌主要适应葡萄醪的环境（高糖、低 pH 值、温度和 SO_2）。

（2）指数生长期 这个阶段酵母菌呈指数增长繁殖，种群密度达到最大值（$10^7 \sim 10^8$ CFU/mL），同时糖度也快速下降。

（3）稳定期 这个阶段酵母菌密度达到最大值后繁殖基本停止，发酵速度也降低了。

（4）衰亡期 这个阶段营养物质消耗殆尽，毒性副产物浓度升高，存活酵母量逐渐降低，同时酵母结块沉于罐底。

为了获得一个良好的启酵开始，酿酒师必须添加足够量的酵母。现代工业生产中通常使用商业活性干酵母，使用起来方便、易操作。其添加量为 $200 \sim 300$ mg/L，数量达到 $10^6 \sim 10^7$ CFU/mL。

干白和干红的发酵工艺有很多不同点，由于干红需要带皮发酵，会形成酒帽，所以入罐时葡萄醪体积不能超过罐容积的 $80\% \sim 85\%$。

三、发酵温度

发酵是一个放热过程，通过发酵还原糖释放能量。厌氧呼吸产能很低，酵母利用 57% 的有效能将糖转化成乙醇，剩下的转化成热能（还有少部分转化成 CO_2 气泡机械能）。理论上，发酵 $1°Bx$ 糖产生 1.15kcal 热量。例如：1L 23°Bx 的葡萄汁可产生 26.5kcal 的热量。换句话说，如果发酵罐中不能释放出这些热量，理论上温度就会升高 26.5℃。事实并非如此，首先如果温度达到 36℃以上，发酵就会中止。其次，热量会通过罐壁损失一部分，所以热值低于理论值。损耗量取决于葡萄醪的总体积（更准确地说取决于罐壁的表面积/容积比）、容器材料（水泥、木质、不锈钢）和环境温度。靠自然降温是远远不够的，所以人为控温发酵变得极为重要。

酵母活性和发酵活力的温度范围在 $10 \sim 35$℃之间。温度越高，发酵速度越快，但随着乙醇浓度升高，发酵速度降低。温度在 35℃左右时发酵也许就会停止，留下一些未发酵的残糖。低于 10℃时，发酵启动缓慢，发酵不会彻底。酵母接种和发酵启动的时间间隔从几小时到几天，这取决于温度和其他因素。乙醇对酵母繁殖有抑制作用，温度越高，抑制作用越明显。在 10℃和 30℃下发酵，最终转化酒度能相差 1°。低温下，果香物质保存良好，减少了葡萄醪中挥发性芳香物质蒸发，并且挥发酸在低温下的生成量要比高温下的生成量少。基于以上几点原因和实际情况，干红的发酵温度一般控制在 $22 \sim 30$℃之间，在此温度范围内色素和单宁的浸提率也更高，同时也有效地保存了果香。

四、发酵控制

1. 温度控制

发酵罐中温度分布不均：横向从罐中心到罐壁，纵向从罐顶到罐底变化。所以没有必要精确读取发酵温度，只要根据大约垂直一半罐高处的中间温度控温就可以，温度探头伸入距罐壁 15～20cm 处。

为了能够达到所需温度，应该建立一整套制冷系统。发酵罐周围有米勒板，米勒板的作用是降低发酵罐的温度，主要的原理是米勒板呈蜂窝夹套状，与一般夹套相比，蜂窝夹套设备大大降低了夹套壁厚和内筒壁厚，制造成本降低。从传热角度来说，蜂窝夹套的间隙比普通夹套的间隙要小，流通面积较小，流体在腔内流速显著增加，并且大量的蜂窝在夹套内起着扰流件的作用，流体在流经蜂窝点时不断改变流动方向和流动速度，形成紊流、涡流使热交换加速，大大提高传热效果。通过制冷系统的不锈钢钎焊式板式换热器将乙二醇水溶液载冷剂降温至适宜温度；再由载冷剂循环泵将低温载冷剂输送至不锈钢罐米勒板，对罐内的葡萄酒进行冷却。如此循环往复，直至将老化罐内的葡萄酒降温至预期的温度，冷却工作结束。进入保温循环状态时，由温度控制器根据酒温设定值，控制不锈钢罐米勒板载冷剂进口电磁阀及回水电磁阀的开闭，将罐内酒温保持在规定范围内。

2. 浸渍控制

在发酵过程中，固体部分由于 CO_2 的带动而上浮，形成"帽"，不再与液体部分接触，所以要通过工艺操作打破这种固液两相平衡。在酒厂实际生产中，酒帽的浸渍处理方式分为循环喷淋浸渍和压帽。

在乙醇发酵期间，循环的方法、时间与次数至关重要，是体现酿酒师水平的关键工艺点之一。循环喷淋浸渍（图 4-11）是将发酵罐底部的葡萄汁泵送至发酵罐上部，分为开放式倒罐和封闭式倒罐。开放式倒罐将葡萄汁从罐底的出酒口放入中间容器中，然后再泵送至罐顶部；封闭式倒罐是直接将泵的进酒口接到罐底的排酒口，直接泵送

(a)

(b)

图 4-11　循环喷淋浸渍

至罐顶部淋洗皮渣。

循环喷淋浸渍的主要作用有：

（1）使发酵基层，包括加入的原辅料充分混匀。

（2）促进液相与固相之间的物质交换。

（3）防止皮渣霉变及挥发酸产生。皮渣层温度高会妨碍酵母的活动，给病菌繁殖创造条件，引起皮渣霉变并将乙醇变为挥发酸。

（4）使发酵基质通风，提供氧，有利于酵母菌的活动，并可避免 H_2S 的生成。

压帽也是酿酒师喜欢使用的酒帽处理方式，它是指用外力的方式将酒帽压进酒液中。根据器具的不同，这种处理方式又可以分为人工压帽和机械压帽。压帽的主要作用有：

（1）在乙醇发酵早期，通过这种物理通透方式使氧气进入酵母细胞，更好地帮助酵母启酵；

（2）帮助在皮渣上的酵母进入酒液中；

（3）防止有害菌或霉菌在酒帽上繁殖；

（4）使色素、单宁、果香和其他风味物质以更轻柔的方式融入葡萄酒中。

需要压帽的发酵容器一般都是敞开式，只有敞开式容器才便于压帽。在稍大的敞开不锈钢发酵罐中进行人工压帽通常比较危险，如果不加强保护，很容易落入充满二氧化碳的罐中窒息而亡，人工压帽操作见图4-12。除了不锈钢罐，很多酒庄通常将废旧橡木桶的一头去掉，用于开放式橡木桶内发酵。但是如果发酵容器容积超过3000L的话，人工压帽就变得异常困难，这时候就需要机械压帽。而机械压帽的发酵容器一般都是开盖式的（发酵完可恢复成窄上人孔）或是发酵罐自带机械压帽机。通常机械压帽机由汽缸设计而成，需要在发酵车间横梁配一整套滑轨。滑轨高度与汽缸缸径都要设计合理，才能达到预期压帽效果。机械压帽既安全又省力、便捷，但需要适宜的房屋结构，操作方法见图4-13。

图4-12 人工压帽

图4-13 机械压帽

从酵母添加开始就要进行压帽处理，正如前面提到的，这将帮助酵母和葡萄酒更好地接触。在某些情况下，很多因素都会影响压帽效果，比如葡萄品种、温度、白利度、SO_2、pH、酵母类型等。当酒帽停止形成时会发现像葡萄籽、酒泥之类密度比较大的固体物质会下沉到容器底部。如果是不锈钢罐的话，可以适当排除一下葡萄籽，尤其是果籽成熟度不太好的情况下。排籽效果比较好的是锥形底罐。但如果是平底罐的话（实际也会有些倾斜），底阀尽量采用大于DN80的球阀。国内很多酒庄底阀都采用DN50的蝶阀，这样就很难实现良好排籽。在发酵高峰期时，压帽就需要频繁一些。到了发酵后期，酒液有些可能浸渍到了酒帽，这时候只需要一天压帽一次就可以了。

还有一些酒庄将橡木桶改造，安装不锈钢小人孔和阀门，进行橡木桶内发酵，每天通过转桶获得良好的浸渍效果。还有的酒厂在罐里安装了螺旋叶片，所以旋转罐时就可以搅拌酒帽，以使发酵的酒液与皮渣充分接触。

3. 营养控制

发酵期间营养管理异常重要，从酵母启动到分离压榨，每天都要检测白利度（或密度）和温度，品鉴酒的状态。如果发酵曲线出现异常，应立即采取相应措施解决，以保证葡萄酒质量。良好的乙醇发酵需要充分满足酵母的营养条件，只有将酵母"伺候"好了，它才能好好"干活"。这些营养中的生长因子包括碳源（葡萄糖、果糖）、氮源（无机和有机氮源）、维生素（维生素C、维生素H、泛酸等）、矿物质（Mn、Zn、Mg等）和氧，生存因子包括类固醇（甾醇类生存素）和长链不饱和脂肪酸（如 $C_{10} \sim C_{18}$）。

酵母可利用的氮源称为酵母可同化氮（yeast-assimilable nitrogen，YAN），由游离氨基氮（FAN）、氨（NH_3）和铵盐（NH_4^+）组成。酵母优先消耗无机氮，使酵母数量急剧上升，因此会引起氮源的缺失；而有机氮源能被酵母逐步吸收，使乙醇发酵的进程更柔和，浸渍效果更佳。

35%～65%的氮素存在于葡萄皮和葡萄籽中，所以在干白生产工艺过程中经过除梗和去皮、破碎和下胶后，果梗、果皮中含有的少量氮源将随着果皮流失；果胶酶加皂土的冷澄清方式，肯定也会降低葡萄汁的原始含氮量。因此，白葡萄酒发酵时，氮素缺乏是普遍问题。而干红发酵前延长冷浸渍时间可以保留较高的 YAN 水平。乙醇发酵之前检测葡萄果汁中原始 YAN 值非常有必要，一般通过紫外分光光度计配备酶制剂检测，具体方法可询问不同酶制剂厂商。

有经验的酿酒师每天循环之前都会从底阀取样品尝（不良气味都会先从底部开始出现）。在发酵期间预防和解决还原味问题时，最好的办法是添加发酵助剂。许多酒厂选择只添加一种营养助剂。而研究表明，单一的发酵助剂并不能完全满足酵母营养需求。发酵助剂的添加量，首先取决于葡萄汁的氮含量，市售的发酵助剂只是推荐使用量，不同厂商的助剂比例和添加方式略有不同。比如用磷酸二铵（DAP）的话，注意 DAP 的有效含氮量是 21.4%，通过计算合理添加。在一些情况下如果葡萄汁氮缺乏，同样会引起维生素 B_1 与矿物元素的缺乏，所以建议使用少量非活性酵母及复合发酵助剂。值得指出的是，在使用无机与有机发酵助剂时，要特别注意原料的卫生状况，如果原料卫生状况不好，烂果率高，添加较多的有机氨基酸态酵母营养，只会刺激不良微生物的生长，使酒发生破败。合理把握发酵助剂的投放时间和投放量，是发酵过程管理的重要环节。生产中，氮源投放可分为三次，即发酵开始阶段、进行到 1/3 时和发酵醪密度达到 1060～1070kg/m³ 时。如果发酵助剂添加过早，酵母在早期利用有机氮与无机氮合成自身的生命物质。当酒度增大时，会阻止其对有机氮的吸收。无机氮 NH_4^+ 对酵母是很好的氮源，早期添加无机氮，会引起酵母对有机氮的吸收。太晚添加则影响酵母繁殖的速率，造成发酵启动困难甚至发酵停滞。如果添加 DAP 太晚或太多，其过多残留会使酒出现咸味或氨味，还会简化酒的香气和风味。

一些传统的酒厂在酒槽上安装一块铜板，干红乙醇发酵进行循环时，从罐底流出的汁与酒槽中的铜片接触，于是铜离子就溶解于葡萄酒中。一旦硫化氢生成，就会与铜离子反应生成硫化铜沉淀，从而清除还原味物质。这种方法十分有效，但溶解太多的铜离子也会存在高风险——随后可能引起铜破败，而且铜离子也会催化酵母产生更多硫化氢，所以不建议使用这种传统工艺。预防能使这种问题最小化，预防方法有以下两种。

（1）通过良好的葡萄园管理，避免硫粉尘留在葡萄浆果上；

（2）发酵时在适宜时机添加 DAP。

只要还原味被及时发现并处理，很快就能解决该问题，但如果不处理的话，硫化氢进一步与乙醇形成硫醇，到那时就很难将其去除。

第四节　自流和压榨

红葡萄酒乙醇发酵结束后要经过压榨，那些未经压榨而直接从罐中流出的汁叫作"自流酒"（free-run），而那些经过压榨的叫作"压榨酒"（press-run）。

乙醇发酵期间果肉细胞死亡，细胞膜没有任何活性，所以细胞物质更容易释放。乙醇发酵将近结束或已经结束进行后浸渍，酿酒师根据品鉴结果选择合适的时机进行皮渣分离，同时对自流酒和压榨酒进行化学指标分析，这些化学指标通常包括酒度、挥发酸、残糖、总硫、总酸、苹果酸等（表 4-5）。自流酒和压榨酒化学指标含量不同，压榨酒的酚类物质（色素、单宁）更多，总酸（TA）高，钾离子高，pH 值高，挥发酸高，具有更多的"蔬菜味""生青味"。这些化学指标的含量与压力大小和压榨机类型有关。

表 4-5　自流酒和压榨酒的成分比较

化学指标	自流酒	压榨酒
酒度/°	12.0	11.6
挥发酸/(g/L)	0.35	0.45
残糖/(g/L)	1.9	2.2
总酸/(g/L)	6.2	6.9
总氮/(mg/L)	285	370
多酚指数	35	68
花色苷/(mg/L)	330	400
pH 值	3.51	3.62
单宁/(g/L)	1.75	3.20

对压榨酒的处理，可有以下几种方式。

（1）直接与自流酒混合，因其中部分轻度压榨获得的压榨汁中的干物质、单宁以及风味物质比自流汁含量高，根据品尝结果，适当地与自流酒混合，可以使酒质得到提高，并有利于苹果酸-乳酸发酵的触发。

（2）通过下胶、过滤等净化处理后与自流酒混合。

（3）单独储藏并作其他用途，如蒸馏。

（4）如果压榨酒中果胶含量较高，最好在葡萄酒温度较高时进行果胶酶处理，以便于净化。

第五节　苹果酸-乳酸发酵

苹果酸-乳酸发酵（MLF）是提高红葡萄酒质量的必需工序。过去人们似乎只是认为苹乳发酵的主要作用只是降解苹果酸，并最终降低葡萄酒的总酸度。但事实上，苹果酸-乳酸发酵过程中通常会产生众多的化合物，其中许多化合物对葡萄酒风味的复杂性有着重要的影响。所以说苹果酸-乳酸发酵管理是优质葡萄酒酿造工艺这一大管理系统中必不可少的重要一环。前面已经详细介绍了苹乳发酵机制和影响因素，在这一节中不作赘述。

一、苹果酸-乳酸发酵启动方式

1. 自然发酵

提供适宜的环境条件，苹乳发酵可以自然发生。如果这种自启动没有产生不良影响，那么就让它这样继续进行。但是，自发的苹乳发酵是难以预测的，由于乙醇发酵后的葡萄酒中可能还存在乳酸菌的噬菌体，它们可能延迟或抑制苹乳发酵，使得苹乳发酵在触发上难以保证。这种延迟增加了腐败菌，且在进行苹乳发酵的同时产生异香与异味，导致葡萄酒产生病害的可能性增大。这种危险在允许葡萄酒中细菌生长的情况下会增加。

2. 接种发酵

目前很多酒厂会选择商业化优良乳酸菌种，以克服自然发酵不稳定、难控制等问题。不但可以迅速达到触发 MLF 的数量级，而且在 MLF 过程中处于主导地位，有利于酿造优质干红葡萄酒。根据不同的地域条件和原料品质，选择适宜的菌种进行 MLF，成为葡萄酒厂酿制优质高档佳酿的关键。通风对乳酸菌的生长常常是有利的，因此，在乙醇发酵结束以后，对葡萄酒进行适当的通风有利于苹果酸-乳酸发酵的触发。但是，在发酵过程中应尽量保证容器处于添满状态，避免醋酸菌的活动。

二、乳酸菌接种时间选择

在葡萄酒酿造过程中，可以选择在不同的时间进行乳酸菌接种，如表 4-6 所列。

表 4-6　乳酸菌的接种时间

接种方式	接种时机	作用机理	适用类型
早期混合接种	乙醇发酵启动 24h 后	二氧化硫和乙醛结合，乙醇浓度较低，营养丰富，促进苹乳发酵进行，同时更好地保护和强化品种香气	新鲜果香型
晚期混合接种	3～5°Bx	游离硫多数被酵母产生的羰基化合物结合，苹乳发酵顺利快速进行，从而保护品种果香和稳定色素	成熟果香型
顺序接种	乙醇发酵结束	酵母菌体自溶产生较多的适合乳酸生长的营养物，由乳酸菌引起糖代谢，继而产生大量的乙酸，D-乳酸的危险性可降至最低限度，此时皮渣可以长时间浸渍，利于获得口感复杂和饱满的陈酿型葡萄酒	陈酿型
后期接种	乙醇发酵结束一个月后	延迟苹乳发酵	冰酒和微氧处理

三、苹果酸-乳酸发酵监测

尽管苹果酸-乳酸发酵会使可滴定酸度降低，增大 pH 值，但是这样的现象并不足以说明发生了苹果酸-乳酸发酵，因为其他因素也会产生这样的现象。确定苹果酸-乳酸发酵是否发生的准确方法是证明没有了苹果酸或其含量极低，所以要定期检测苹果酸和挥发酸含量。最好的办法就是使用纸色谱法定性分析，或使用酶试剂盒法定量分析。

（1）普检　检查并保持温度为 18～22℃；每隔 2～4d 检测分析 L-苹果酸降低程度（每天下降 0.1～0.2g/L 最好），或是采用纸色谱法检测苹果酸情况；隔几天品鉴一次。

（2）无活性苹乳发酵　搅拌罐；重新检测葡萄酒参数，确定是否是乳酸菌生存环境；通过培养基和显微镜检查乳酸菌活性；添加乳酸菌营养剂，重新接种。

（3）苹乳发酵结束　通过纸色谱检测葡萄酒中无苹果酸或通过酶法检测 L-苹果酸＜0.1g/L 时，已表明苹果酸-乳酸发酵结束。

菌体在苹乳发酵后仍可利用葡萄酒其他成分，引起多种病害和挥发酸升高。因此确定苹乳发酵结束进行倒罐或倒桶，去除酒泥，同时将游离二氧化硫调整至 25～30mg/L，以充分抑制醋酸菌的活动，保证葡萄酒成品的生物稳定性，于 15～18℃低温下存储陈酿。

第六节　葡萄酒酿造新工艺简介

红葡萄酒的酿造，是将红葡萄原料破碎后，使皮渣和葡萄汁混合发酵。在红葡萄酒的发酵过程中，将葡萄糖转化为乙醇的发酵过程和固体物质的浸取过程同时进行。在白葡萄酒的酿造过程中不需要进行浸渍。因此如何使葡萄原料中的芳香物质更好地进入葡萄酒中，就成了酿酒师和科研人员的关注点，研究和发展葡萄酒酿造的新工艺成为葡萄酒工作的重点。随着葡萄酒研究者和葡萄酒企业对于葡萄酒酿造工艺的研究和重视，必将有更多的葡萄酒酿造新工艺出现，并在葡萄酒生产中得到应用。下面简单介绍闪蒸技术、沥淌（delestage）工艺以及微氧技术在葡萄酒中的应用。

一、闪蒸技术

1. 简介

闪蒸就是高压的饱和液体进入压力比较低的容器中后，由于压力的突然降低使这些饱和液体变成一部分的容器压力下的饱和蒸气和饱和液。它和蒸馏不同，在闪蒸过程中没有热量加入。闪蒸技术在食品行业应用最成功的范例是乳制品业，利用闪蒸技术处理牛奶，以提高其中干物质的含量，提高牛奶的品质。

将闪蒸技术应用到葡萄酒行业始于 1993 年，闪蒸设备由法国著名酿酒设备制造商法博力（Fabbri）公司制造，后应用于法国各个产区葡萄酒厂。而我国葡萄酒行业应用闪蒸技术起步稍晚，最早是由朗格斯（秦皇岛）酒庄引进使用的。应用闪蒸技术大大提高了葡萄的品质，为酿造优质葡萄酒打下坚实的基础。闪蒸设备见图 4-14。

图 4-14　闪蒸设备

2. 闪蒸工作流程

葡萄原料经过分选、除梗破碎后被泵入一个 10t 储量的缓冲罐中，再经缓冲罐罐底的一台果浆泵将其中的果浆分批泵入加热罐，在加热罐中将果浆加热到 85～91℃。加热后的葡萄果浆会被直接泵入真空罐中，这是整套闪蒸设备中最为核心的装置，其中的压力始终控制在 −0.9Pa，热果浆进入后会因压力的骤降而迅速沸腾蒸发，葡萄果皮细胞也会因内外巨大的压力差而破裂，进而使其中所含的单宁、色素及其他的一些风味物质大量溶出。蒸发后冷凝下来的冷凝水中含有大量的香气成分，这部分水可以被直接放掉以达到对葡萄汁进行浓缩的目的，也可以部分回添到酒液中，以防止香气物质的过多损失。经闪蒸后的葡萄酒液会通过一个管式热交换器，以使其温度降至正常温度，之后压榨、分离皮渣，进行清汁发酵。闪蒸流程如图 4-15 所示。

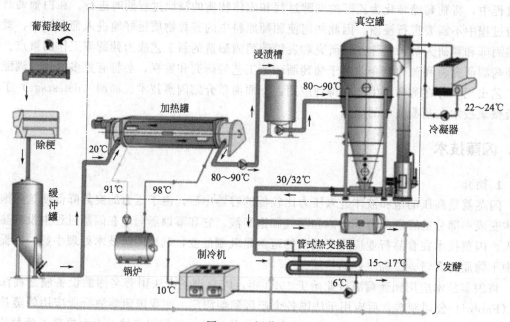

图 4-15　闪蒸流程

3. 闪蒸作用

（1）有效去除葡萄的生青味（吡嗪）、蔬菜味物质及其他不愉快挥发性物质。

（2）对增加葡萄酒中多酚物质的含量作用显著，使口感更加醇厚、结构感更加明显、单宁感更强。

（3）对葡萄果浆有明显的浓缩作用，使糖度平均提高 1～4°Bx。

（4）闪蒸处理能在瞬间使葡萄表皮细胞破裂，造成其中的花色苷类物质大量溶出，从而极大地增加酒中花色苷类呈色物质的含量，使色度急剧增加。

（5）有效钝化漆酶活性，降低葡萄氧化概率。

高品质的葡萄原料，经闪蒸技术处理后，葡萄汁液中富含更多的香气、色素、单宁等物质，酿出的葡萄酒更适合长期陈酿。而一般品质的葡萄原料，经闪蒸技术处理后，可提高原料品质，使色素稳定性更强，单宁更成熟，口感更丰富。

然而，闪蒸技术对葡萄固体部分的浸提不是选择性的，浸提"优质单宁"的同时，也浸提了"劣质单宁"。因此，对于质量差的原料，该技术可能增大葡萄酒质量缺陷，降低葡萄酒质量。

二、沥淌工艺

沥淌（delestage）是葡萄酒酿造的一种操作工艺，其流程如图 4-16 所示。在浸渍发酵过程中，与皮渣接触的液体部分很快被浸出物——单宁、色素所饱和，如果不破坏这层饱和液，皮渣与葡萄汁之间的物质交换速度就会很快减慢，而沥淌工艺可以优化这种固相及液相之间的物质交换。沥淌工艺较传统的循环喷淋方法有很大的优越性，它的操作次数根据酿酒师的品尝结果和产品要求来决定。

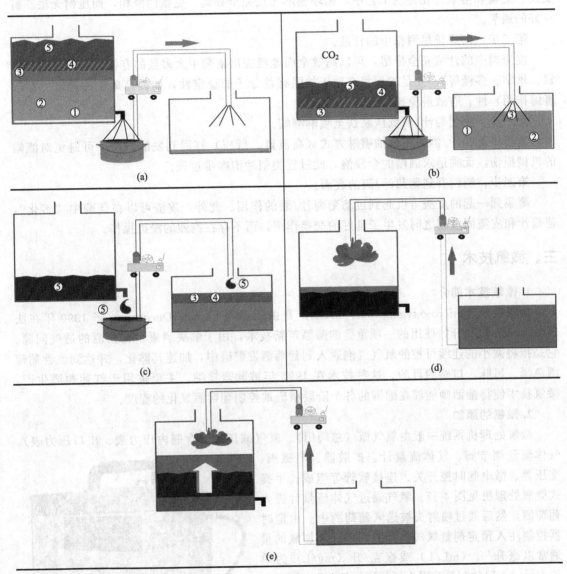

图 4-16　沥淌工艺流程

第一步：酒帽一旦形成，就可以进行沥淌工艺。抽空发酵罐中的汁液，泵送到另一个空罐，同时给氧。

说明：

① 发酵罐底部的酵母：这些固定并且紧密堆积的酵母不能参与发酵。在这种情况下，

极有可能产生含硫化合物，释放出难闻的气味，导致口味不愉快。

② 发酵葡萄汁混合物：这些果汁几乎不与帽盖接触。

③ 紧邻酒帽底部的葡萄汁。

④ 浸泡皮渣的葡萄汁：富含单宁和色素物质，浸提率较低，稳定性较差。

⑤ 皮渣：大部分未与葡萄汁接触，浸提率达不到最大化。由于得不到酵母发酵的保护作用，很容易滋生具有高度危害性的微生物。

抽空发酵罐中的汁液，此步是沥淌工艺的关键，它确保紧邻酒帽部分的葡萄汁被分离、交换、更新和溶氧。在传统工艺中，循环喷淋无法完全分离、更新固液相，而压帽无法获得良好的通氧。

第二步：彻底排尽酒帽中的汁液。

皮渣帽中的汁液完全排尽，可以高效全面地浸提出葡萄中大多数的有益大分子物质（色素、单宁、多糖等）；充足的通氧有助于加强有益分子的稳定性，如提高单宁的稳定（涂层裹缚作用）性，有效避免硫化物的生成。

第三步：将葡萄汁/酒低压泵送至喷淋酒帽。

重新将葡萄汁/酒采用泵抽喷淋方式（高流量、低压）打回到发酵罐中，可避免对酒帽的机械损伤，无须追求酒帽的全浸泡，此过程类似冲泡咖啡过程。

第四步：酒帽升到葡萄汁/酒的表面。

聚集到一起的皮渣可以起到过滤葡萄汁/酒的作用。此外，皮渣可以在葡萄中"溶化"，葡萄汁和皮渣固液相之间发生了良好的交换作用，而不存在剧烈的浸提操作。

三、微氧技术

1. 微氧技术简介

微氧技术（micro-oxygenation，MOX）是由酿酒师 Patrick Ducournau 于 1990 年在法国 Madiran 最早开始使用的一项重要的酿酒革新技术，用于解决酒罐中葡萄酒的透气问题。它是指将微小的连续可控的氧气气泡通入到葡萄酒发酵罐中，加速其熟化，并达到改善葡萄酒色泽、风味、口感的目的。这种技术在 1996 年被欧盟接纳，主要被用于红葡萄酒生产。微氧技术使得酿酒师能够在酿酒的各个阶段精确地控制葡萄酒氧化的程度。

2. 微氧的添加

微氧处理机系统一般由氧气瓶（总阀门）、氧气减压阀（含瓶内压力表、出口压力表）、气体流量调节阀、气体流量计、扩散器、电磁阀、变压器、微电脑时控开关、连接软管等组成。手提式微氧处理机见图 4-17。氧气通过气体流量计进入葡萄酒，然后通过喷射头被送入葡萄酒中。由定时器控制注入预定剂量氧气的间隔周期。添加氧的量通常以毫升/升（mL/L）或毫克/升（mg/L）为单位表示，一般的剂量范围为每月添加 0.75～3mL/L，处理的时间为 4～8 个月。微氧处理及全自动发酵罐管理控制系统见图 4-18。

图 4-17　手提式微氧处理机

3. 微氧应用和作用

① 在乙醇发酵中使用，以促进酵母增殖，同时有助于维持酵母的活性，从而减少二氧化硫的使

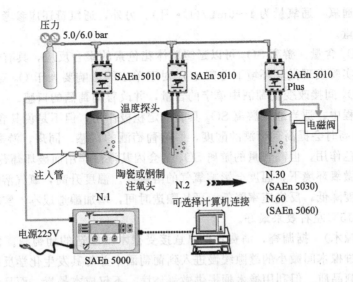

图 4-18　微氧处理及全自动发酵罐管理控制系统 (1bar＝10⁵Pa)

用量；更快地使单宁与花色素发生聚合作用，使色泽更稳定。

②在陈酿过程使用，在原酒的陈酿阶段，由于酒体单宁粗糙，避免不了带有还原味、梗味，为了改善酒体结构，酿酒师们常常会人为地加入橡木片、橡木单宁，为了保证这些起烘托作用的添加物能与酒体有效地溶为一体，避免产生单宁生硬的感觉，在这个时期对酒体进行微氧处理，以使多酚物质发生聚合，从而稳定红葡萄酒的颜色，熟化单宁，消除葡萄酒的还原问题，使单宁更柔和，酒的平衡感更好，减轻新酒的青涩味。

③带细酒泥陈酿时进行微氧处理，可延长酒与酒泥接触的时间，丰富酒体，但不产生硫化物带来的不良风味。

④向旧木桶中补充氧气，以弥补木桶透气性的损失，能更好、更快地平衡酒香、果香和木质香，缩短酒的上市时间。

⑤在葡萄品质不好时使用，处理细酒泥以提取多糖及甘露糖蛋白，以及在酿造发泡葡萄酒基酒时使用可减少二氧化硫用量。

4. 影响微氧化的因素

(1) 葡萄酒最初理化特性　葡萄酒因原料产地不同，葡萄内酚类的种类和含量不同，主要是花色素和单宁含量不同。此外，葡萄酒中各组分耗氧能力也有差别，酚类物质可以消耗微氧环境中 60％的氧气，乙醇可以消耗 20％的氧气，游离 SO_2 可以消耗 12％的氧气。因此，微氧技术受制于葡萄的种类。葡萄中酚类含量高时，易于使用微氧技术酿造，且葡萄酒颜色致密度高，而低酚含量的葡萄不宜使用微氧技术酿造。当总酚含量低而单宁比例偏高时，使用微氧技术发酵则会严重影响葡萄酒的感官品质，造成葡萄酒褐变，苦涩感增加。因此，葡萄中酚类物质影响着氧气的吸收，进一步影响着葡萄酒微氧化过程。

(2) 氧气　氧气是微氧技术最重要的组成部分，适当通氧可以提升葡萄酒色泽、芳香、口感。通氧原则是发酵过程中耗氧量大于供给量，以避免氧气在液面聚集，造成氧化损伤。当通氧过快或过量时会造成分子间急剧聚合形成大分子沉淀物，表现为果香味减少，苦涩感增加，挥发性成分增加。过度氧化还有助于滋生有害微生物，缩短葡萄酒保质期。

通氧时机不同，需氧量也有所不同。通氧可在任何时期进行，如发酵前、发酵后、灌装前后等，应视具体情况而定。例如在乳酸发酵前通氧，通常建议通氧量为 10～30mL/(L·月)，而在乳酸发酵后通氧，通氧量为 1~5mL/（L·月）。另外，通氧量还应参考不同品种的葡萄中酚类物质的含量。

（3）游离 SO_2 含量　游离 SO_2 可以延缓单体花色素的聚合反应，具有保护葡萄酒色泽的作用。同时，实验发现微氧环境下游离 SO_2 对于单宁的影响要大于 O_2 对于单宁的影响，通过控制游离 SO_2 间接改变葡萄酒中单宁的含量，并改善葡萄酒的口感。

在微氧化过程中，适当通入游离 SO_2 具有一定积极作用，但不是说其含量越高越有利。游离 SO_2 含量过高时会提高葡萄酒的酸度，影响葡萄酒的口感。同理，游离 SO_2 虽然在一定程度上具有护色作用，但高含量的游离 SO_2 又会因其漂白作用而破坏葡萄酒的色泽。

（4）温度　微氧环境下，温度会影响氧气的溶解度。温度升高，氧气溶解度降低，造成氧化不彻底；温度降低，反应速率降低，延长酿造时间，增加酿造成本。实验表明，微氧环境下温度控制在 15℃ 左右效果最好。

（5）材料（橡木）　据调查，消费者更愿意接受橡木桶酿造的葡萄酒。葡萄酒在酿造的过程中，氧气通过橡木间微小的缝隙缓慢进入到葡萄酒中并与其发生化学反应，制造微氧环境从而提高葡萄酒品质。但利用橡木桶提供微氧环境，不仅成本昂贵，而且无法控制氧气释放速率，因此使用微氧技术在大型钢瓶中代替橡木桶产生的微氧环境。

在钢瓶中放入橡木碎片或者橡木板可以减缓氧气上升的速度，使氧气和葡萄酒充分、均匀地接触、反应。实验证明，不同品种的橡木板对微氧化的影响并不大，但在微氧化技术下配合使用橡木碎片或橡木板可以获得更佳效果。

第五章

白葡萄酒的酿造工艺

受葡萄本身品种特性的影响，白葡萄酒的风格差别很大，有快速消费果香型（贵人香、琼瑶浆等），也有长时间陈酿型（如霞多丽、雷司令等）。对一些既可酿制果香型又可酿制陈酿型的品种（如霞多丽、雷司令、赛美蓉等），酿造工艺发挥着重要作用。而受现代消费的影响，现在市场上多以果香型白葡萄酒为主。

葡萄品种特性、葡萄质量及酿造工艺处理是影响白葡萄酒质量的重要因素，而在酿造工艺处理过程中葡萄汁的防氧化、葡萄汁处理及发酵过程控制将最终影响酒的质量好坏。

第一节 白葡萄汁的防氧化

白葡萄酒与红葡萄酒酿造工艺的主要区别在于白葡萄酒是取清汁发酵，而红葡萄酒是带果皮和种子浸渍发酵。因此，对葡萄汁的处理情况会影响白葡萄酒的最终质量。葡萄汁中的酚类物质，会很大程度影响白葡萄酒的颜色、香气和口感，因此对葡萄汁中酚类物质的控制及防氧化处理将非常重要。

一、氧化机理

葡萄汁的氧化机理可简单用以下公式表示：

$$氧化底物+氧 \xrightarrow{\text{多酚氧化酶}} 氧化产物$$

1. 氧化底物

葡萄中存在的主要氧化底物为酚类物质，如儿茶素、原花色素以及它们的聚合产物，这些多酚被氧化后会加深酒的颜色，减少果香及使酒的口感变粗糙。

2. 氧

葡萄在破碎后汁液中的含氧量达到最大，最高能达到 8mg/L，这些氧在氧化酶的作用下几分钟内会被逐渐消耗掉。因此，破碎过程中控制葡萄汁的溶氧量是保护葡萄汁不被氧化的重要步骤。

3. 多酚氧化酶

（1）酪氨酸酶（tyrosinase） 它是葡萄浆果的正常酶类，以不溶解的状态存在于细胞质中，取汁时一部分溶解于葡萄汁中，一部分附着于悬浮物上。

（2）漆酶（laccase） 它是灰霉菌（*Botrytis cinerea*）分泌的一种多酚氧化酶。它是一种非正常外来酶，可完全溶解于葡萄汁中，氧化活性比酪氨酸酶大得多，因此对葡萄汁的氧化危害更大。虽然在发酵结束后漆酶的活性会降低，但由于其可氧化的底物众多，因此可持续对酒进行破坏。漆酶活性难以抑制，一旦葡萄汁和酒感染漆酶，在工艺处理上要格外引起重视。

酪氨酸酶和漆酶在 pH 3～5 时活性都很强，漆酶在该 pH 范围内较稳定，而酪氨酸酶在 pH 为 7 时最为稳定，因此漆酶的危害性更强。酪氨酸酶在 30℃时活性最强，在 55℃时保持 30min 失去活性；而漆酶在 40～45℃时活性最强，但在该温度范围内稳定性较差，在 45℃时几分钟之内即可失去活性。

二、葡萄汁的防氧化

1. 取汁过程

葡萄中大约有 10% 的多酚存在于葡萄汁中，30% 存在于葡萄皮中，60% 存在于葡萄籽中。白葡萄汁中的多酚主要来源于葡萄皮的破碎和对葡萄的压榨，因此取汁过程中机械处理越少、越柔和，则溶于葡萄汁中的多酚越少，对葡萄汁的防氧化保护也越好。

2. 溶氧量

由于在氧化过程中多酚氧化酶需要消耗氧，因此对葡萄汁进行惰性气体保护，尽量减少葡萄汁与氧的接触，可降低多酚酶的危害。由于酪氨酸酶在氧化过程中本身也会被破坏（漆酶的这一过程会缓慢很多），因此对葡萄质量状况良好的葡萄汁进行轻微的氧化，不会降低葡萄酒的质量，反而会改善葡萄酒的氧稳定性。

3. 温度

多酚氧化酶在 30℃时的氧化活性是 12℃时的 3 倍，因此迅速对葡萄汁进行低温处理可降低多酚氧化酶的活性。

4. SO_2

游离的 SO_2 可抑制、破坏酪氨酸酶的活性，但漆酶对 SO_2 的抗性较强，因此在对漆酶破坏前，SO_2 就已全部处于结合状态。

5. 抗坏血酸

抗坏血酸作为抗氧化剂，其主要作用原理是它对氧的消耗，它对多酚氧化酶产生了竞争抑制，从而降低了多酚氧化酶的危害。同时，抗坏血酸也是漆酶的底物，因此也可减小漆酶的危害。

6. 热处理

在 65℃时氧化酶的活性完全被抑制并被破坏，因此热处理对葡萄汁的稳定性有显著的影响，尤其是对感染漆酶的葡萄汁进行热处理效果良好。需要注意的是，在处理升温的过程中要在几秒钟内迅速通过 30～50℃的温度范围，因为在这一温度范围多酚氧化酶的活性也最高，容易对葡萄汁产生危害。

7. 澄清和皂土处理

部分酪氨酸酶与悬浮物结合在一起，因此澄清可以去除一部分酪氨酸酶。由于皂土可与蛋白质结合沉淀，因此皂土可结合并去除溶解在葡萄汁中的酪氨酸酶和漆酶，并有利于葡萄汁的澄清。

第二节 酿造基本工艺

白葡萄酒的酿造过程分为原料处理、葡萄汁处理、发酵控制和发酵后处理几个阶段，工艺流程如图 5-1 所示。

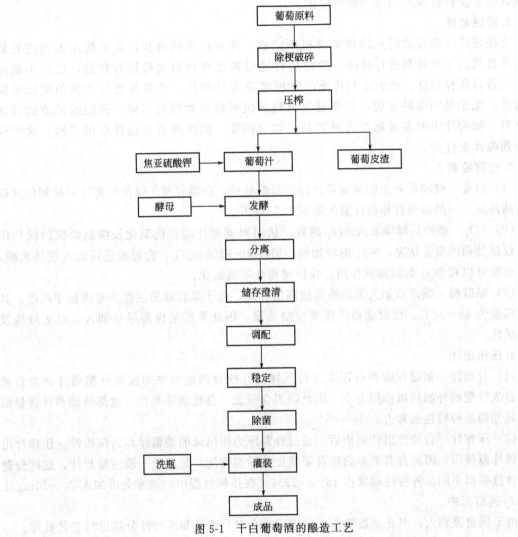

图 5-1 干白葡萄酒的酿造工艺

一、原料处理

1. 葡萄采收

葡萄采收受葡萄的质量状况及采收天气影响，葡萄的成熟度及健康状况是影响葡萄质量的重要因素，也最终决定了所酿酒的品质。

（1）成熟度 风味物质是影响葡萄成熟度的关键因素，尤其是白葡萄的风味物质，直接影响所酿酒的果香。但葡萄汁的糖度、酸度和 pH 值能更直观地反映出葡萄的成熟状况。一般而言，白葡萄采摘时的糖度为 18.5～23.0°Bx，酸度为 6.0～8.0g/L（以酒石酸计），pH值为 3.0～3.4。

（2）健康状况　葡萄在采收或者分拣时需要将青果和霉烂果去掉，这两类果实均会影响酒的质量。青果会带来更多的生青味及多酚，从而影响香气的纯正感和口感的纯净感。霉烂果由于感染了灰霉菌，会沾染灰霉菌分泌的漆酶，其对酒的香气和颜色都产生不好的影响。

（3）采摘时间　葡萄采摘最好在一天中的低温时段进行，采摘后如果不尽快处理可在葡萄表面喷洒少量的 SO_2 对葡萄进行保护。

2. 除梗破碎

除梗破碎一般在滚筒式除梗破碎机中完成，随着技术的进步，越来越多的酒庄开始使用除梗机而不对葡萄进行破碎，除梗后再通过粒选平台对葡萄进行粒选，之后不破碎而直接进行压榨取汁。此方法与传统的除梗破碎取汁相比，可获得更高比例的优质低酚葡萄汁。无论采用哪种方法，均要避免强烈的机械破碎和螺旋运输，否则对果皮的破坏越严重，葡萄汁中的多酚物质含量越高。如有需要，酿酒师也会选择整串压榨，这样获得的葡萄汁更优质。

3. 过程控制

（1）温度　破碎后要立即对葡萄汁进行降温处理，低温有利于保护葡萄汁不被氧化并避免杂菌污染，一般需要将葡萄汁温度降到 15℃以下。

（2）SO_2　破碎后越早加入 SO_2 越好，从而对葡萄汁起到抗氧化及抑制杂菌的保护作用，根据葡萄的质量状况，SO_2 的添加量一般在 40～100mg/L。此过程还可加入抗坏血酸，抗坏血酸可以和 SO_2 起到协同作用，保护葡萄汁不被氧化。

（3）果胶酶　破碎后加入果胶酶可提高出汁率，由于果胶酶的活性非常依赖于温度，其最适温度为 45～50℃，而对葡萄汁需要控制低温，因此果胶酶也需尽早加入，以更好地发挥其活性。

4. 压榨出汁

（1）自流汁　葡萄在破碎后还未进行压榨操作前自然流出来的这部分葡萄汁称为自流汁。自流汁受到外源机械作用力小，因此酚类含量低，是优质葡萄汁，这部分葡萄汁含量根据不同葡萄品种特性通常占 50%～65%。

（2）压榨汁　自流汁出汁完毕后，通过外源压力压出来的葡萄汁称为压榨汁。压榨汁由于受到外源挤压，因此含有更多的来自葡萄皮的酚类物质，是质量一般的葡萄汁，这部分葡萄汁含量根据不同品种特性通常占 15%～25%。在压榨过程中，通常会再加入 20～50mg/L 的 SO_2 进行保护。

由于质量差别大，因此在后续的工艺中通常会对自流汁和压榨汁分别进行工艺处理。

二、葡萄汁处理

葡萄汁处理是发酵前非常关键的一步，葡萄汁处理质量的好坏直接影响所酿白葡萄酒的感官质量。处理过程主要包括葡萄汁澄清和葡萄汁调节，并注意处理过程的防氧化。

1. 葡萄汁澄清

发酵前进行葡萄汁澄清的主要原因：①去除葡萄汁中的劣质多酚物质，它的存在会影响酒的香气和口感；②去除存在于果肉和果皮上的绝大多数氧化酶，尤其是灰霉菌分泌的漆酶；③去除存在于果皮表面的杂菌及残留在果皮表面的农药等，残留农药中的硫元素是发酵

过程中产生 H_2S 的重要来源。

通常不建议对葡萄汁进行过度澄清，若葡萄汁浊度低于 60NTU，会导致葡萄汁缺乏酵母所需的营养元素，从而导致乙醇发酵困难。澄清度一般由酿酒师根据葡萄品种、葡萄质量状况以及所酿酒的风格决定。以下介绍酿酒工艺中几种常见的澄清方式。

(1) 自然沉降　白葡萄汁的自然澄清是在 8～10℃ 低温下依靠悬浮物重力作用缓慢沉降的过程。这个过程根据罐的形状不同通常需要十几到二十几个小时，沉降时间长，葡萄汁氧化和受杂菌污染的风险较大。

(2) 下胶　下胶是快速澄清葡萄汁和葡萄酒的有效方式，其作用原理复杂，简单解释为利用相反电荷结合作用而沉降。对于白葡萄汁，酿酒师可根据葡萄汁的质量状况及风格进行下胶处理，现在选用的下胶剂主要有 PVPP、明胶、酪蛋白、脱脂乳、皂土。

(3) 离心　离心机可用于葡萄汁澄清、发酵后葡萄酒的快速澄清以及下胶后葡萄汁和葡萄酒的澄清。随着科学技术的发展，现在离心机更多地用于葡萄酒及葡萄酒下胶后的澄清。离心机的操作通常是不连续的，需要定期停机去除离心出的沉淀。

(4) 错流过滤　错流过滤的原理是利用被过滤液在过滤介质表面形成强烈湍流效果，只有小部分过滤液可透过过滤介质。该过滤方法具有可连续操作，不会堵塞过滤介质，对悬浮物没有大小和浓度要求的优点。通常对悬浮颗粒较大和悬浮物浓度较大的葡萄汁使用，也较多用于白葡萄酒发酵后的快速澄清及酒冷稳定后的澄清过滤。

(5) 悬浮澄清　悬浮澄清技术是较新的澄清技术，其作用原理与自然澄清相反，它是将惰性气体（通常为氮气）充进葡萄汁，利用悬浮物和惰性气体之间表面张力作用结合在一起，然后在气体浮力的作用下，将悬浮物浮于葡萄汁表面，从而快速获得澄清葡萄汁。悬浮澄清设备与离心机和错流过滤机相比，体积一般较小，可在车间移动操作，较为便捷。

目前低温自然沉降澄清仍是大多数酒厂使用的方法，而离心机和悬浮设备的使用也越来越多。

2. 葡萄汁调节

在澄清葡萄汁发酵前，酿酒师通常会对葡萄汁进行调节，避免出现发酵异常的情况，进而酿造高质量的葡萄酒。

(1) 营养剂　相比较红葡萄酒的带果皮和种子发酵，澄清白葡萄汁容易出现酵母生长生存所需营养不足的状况，尤其是过度澄清的白葡萄汁出现的概率更大，从而导致发酵缓慢或中止，产生大量挥发酸和硫化氢等。

酵母在葡萄汁中生长的重要营养元素为氮源（无机氮源、游离氨基酸）和维生素（维生素 B_1、维生素 B_5、维生素 H 等），因此在接种酵母的同时，酿酒师通常会添加磷酸氢二铵作为额外的无机氮源，同时随着现代酿酒辅料的发展，也会添加酵母营养剂复合物，这里面通常含有维生素、氨基酸、酵母生存素等。

(2) 酸度调整　由于发酵前葡萄汁中的糖度很高，对葡萄汁中酸的品尝影响很大，因此对白葡萄汁酸度的调整更多的是根据葡萄汁的 pH 值和总酸值来确定，而不是根据口感。通常会将葡萄汁的总酸值调到 6.0～8.0g/L，pH 值调到 3.1～3.4。具体调整量通常也是由酿酒师根据葡萄品种特性及所酿酒的风格来决定。

三、发酵控制

1. 温度控制

发酵温度是影响干白葡萄酒香气的关键因素，发酵温度通常为 10～16℃，低温有利于保持葡萄本身的果香，也有利于形成优雅的发酵香。温度过高（达到 20℃）容易导致香气的损失，温度过低（低于 8℃）容易出现发酵困难而造成发酵不完全。发酵过程中糖度的降低通常是线性的，一般每天降低 0.5～1.5°Bx。

2. 通气

乙醇发酵开始后，产生的二氧化碳会充满发酵罐的上部空间，因此可以认为发酵是在完全厌氧条件下进行的。无氧条件下，酵母在繁殖 4～5 代后细胞膜的甾醇就会消耗一半以上，甾醇不足，酵母则停止繁殖，因此有时会出现中后期发酵困难的现象。通气和添加酵母生存素都可增加酵母的活性，更好地促进乙醇发酵。

3. 苹乳发酵

由于市场上大部分干白都追求的是新鲜果香型风格，因此对干白葡萄酒很少进行苹乳发酵，以保持果香的纯净度及口感的清爽感。只有对于一些适合陈酿的葡萄品种（如霞多丽），才会进行苹乳发酵来增加酒的复杂度。

四、发酵后处理

1. 酒脚分离

对于果香型干白，在发酵结束后应快速进行酒与酒脚的分离，来保持果香的新鲜度。分离一般会采用传统取清汁、离心或错流的方法，在分离的过程中会根据酒的 pH 值（通常为 3.1～3.5），加入 SO_2 调整游离二氧化硫的浓度为 20～35mg/L。分离后酒要低温满罐储存，以保持香气的新鲜度并保护酒不被氧化。

2. 酒泥陈酿

对一些适合陈酿的品种（如霞多丽），会在发酵罐或橡木桶中继续将酒与酒脚接触一段时间，来获取更复杂的风味物质，此过程称为酒泥陈酿。其原理是利用酵母细胞壁的破裂或自溶后释放到酒里的氨基酸、脂肪酸、多肽和酵母多糖等，以此来增加风味物质的复杂度及口感的圆润度和余味长度。此过程需要保持满罐，并定期缓慢搅拌酒脚，以加速酵母细胞的自溶和细胞内物质的释放。陈酿的时间通常会从几个月持续到一年不等，这主要是由酿酒师根据葡萄品种及酒的风格来决定。

3. 热稳定

为了避免酒装瓶后出现蛋白质絮凝沉淀，通常会在发酵后对酒进行热稳定实验，通过实验确定需要添加皂土的量。需要注意的是，由于皂土的吸附作用，皂土的添加会损失酒的一部分风味物质。也可选择在发酵中期添加皂土去除蛋白质，避免热稳定成为一个单独的操作步骤，但此方法有增加发酵中止的风险，一般不被使用。

4. 调配

每一罐发酵完的基酒都是不一样的，质量和风格都有差别，为达到装瓶酒的质量要求，酿酒师会对基酒按一定比例进行调配，以达到装瓶酒颜色、香气和口感的要求。

5. 冷稳定

新酒中含有大量的酒石酸氢钾，在储存过程中，尤其是在低温环境下会缓慢析出，形成晶体状沉淀而影响酒的销售。温度越低，酒石酸氢钾的溶解度越低，因此在装瓶前会对酒进行冷稳定处理，将酒温降到接近冰点的温度并保持一段时间，以加速酒中酒石酸氢钾的沉淀。冷稳定处理后的白葡萄酒可进行后续过滤装瓶操作。

第六章

桃红葡萄酒的酿造工艺

第一节 桃红葡萄酒简介

桃红葡萄酒是葡萄酒产品中一个典型的类别，它可能是已知的最古老的葡萄酒类型，这是因为历史上早期的红葡萄酒颜色并不像今天干红葡萄酒颜色那么深，而更接近于现在的桃红葡萄酒的颜色。早期葡萄酒酿造师在葡萄破碎后，经过短暂的浸渍过程，就会将皮渣与葡萄汁分开，这样得到的葡萄酒颜色较淡，果香浓郁。因此，桃红葡萄酒的历史要比其他任何类型葡萄酒久远。

桃红葡萄酒含有少量红色素，常见的颜色有桃红、粉红、玫瑰红、洋葱皮红、橙红等，花色素苷含量为 $10\sim100mg/L$。根据法国著名酿酒师 Emile Peynaud 的观点，对桃红葡萄酒进行定义要综合考虑酒体的颜色、结构特点、香气类型和酿造工艺。桃红葡萄酒既有红葡萄酒的特点，如较突出的品种香气、少量来自于葡萄皮的花色苷，又有白葡萄酒酒体清爽淡雅、果香浓郁的特性。桃红葡萄酒酿造技术与白葡萄酒类似，采用纯汁发酵。可以说，桃红葡萄酒是介于干红和干白之间的一种典型的葡萄酒。

世界最大最著名的桃红葡萄酒产地是法国南部的普罗旺斯地区。普罗旺斯葡萄酒年产量的 87% 为桃红葡萄酒，而剩余红、白葡萄酒分别仅占 9% 和 4%。酿造桃红葡萄酒早已成为当地的一种传统。不同于其他地区，这里生产的桃红葡萄酒非常出名，价格也从不低于那些优质的干红葡萄酒。另外，美国加州的 White Zinfandel，法国卢瓦河谷的 Rose d'Anjour、罗讷河谷的 Tavel 也是很有名的产品。

桃红葡萄酒中单宁、花色苷等多酚类物质较干红葡萄酒少，不适合长时间储存，原酒酿造完成后，陈酿时间不超过一年。如果陈酿时间过长，酒质老化，颜色加深变褐，失去了富有魅力的桃红色，果香味降低，本身优美的风格就会大打折扣。无论哪一类桃红葡萄酒，一般都需要及时饮用，不宜放置过长时间。因此有些桃红葡萄酒品牌虽非常出名，但几乎都属于佐餐型葡萄酒，具有良好的新鲜感，清新的果香味与优美的酒香味完全融合形成一体。

在很多著名葡萄种植区（如法国波尔多及普罗旺斯、美国纳帕河谷、智利中央山谷等）能够生产不错的红葡萄酒。但在年份不好的时候，可能会遇到葡萄成熟度不够、腐烂程度加深或出现异味的情况，酒庄的酿酒师们就考虑将葡萄酿成桃红葡萄酒，从而可减轻或避免在酿造红葡萄酒时出现的一些感官上的缺陷。在法国，桃红葡萄酒通常是干型（残糖含量小于 $4g/L$）的，而在其他国家，尤其是美国，桃红葡萄酒中可能含有 $10\sim20g/L$ 残糖。

第二节 桃红葡萄酒的原料品种

理论上讲，所有酿造红葡萄酒的原料品种都可以用于酿造桃红葡萄酒。用于生产桃红葡萄酒的原料，应该果粒丰满、色泽红艳、成熟一致、无病害，果汁的含酸量一般在 7.5g/L 以下，含糖量在 170g/L 以上。目前生产桃红葡萄酒常用的葡萄品种有玫瑰香（Muscat Hamburg）、法国兰（Blue French）、黑比诺（Pinot Noir）、佳丽酿（Carignan）、玛大罗（Mataro）、阿拉蒙（Aramon）、穆尔韦德（Mourvedre）、神索（Cinsault）、桑娇维塞（Sangiovese）和歌海娜（Grenache）。

在酿造桃红葡萄酒时，要区别对待两种不同作用的多酚类物质：一类是花色苷，另一类是单宁。花色苷赋予了桃红葡萄酒特有的颜色，对其感官质量的提升起到重要作用；单宁则会增加桃红葡萄酒的苦涩感和生青味，对其口感产生破坏作用。因此，如何更好地控制这两类多酚类物质的含量及相互的比例，将成为酿造高质量桃红葡萄酒最关键的环节。表 6-1 列出了一些常见的桃红葡萄酒酿造品种中这两类物质的含量。

表 6-1 常见桃红葡萄酒酿造品种花色苷和单宁的含量

葡萄品种	花色苷含量/(mg/kg)	单宁含量/(mg/kg)
歌海娜（Grenache）	1033	85.2
神索（Cinsault）	705	88.6
西拉（Shiraz）	2526.4	211.9
穆尔韦德（Mourvedre）	1316	123.6
佳丽酿（Carignan）	1497	141.5

由此可见，不同葡萄原料中这两类物质的含量差异很大。在选用不同酿酒原料酿造桃红葡萄酒时，要充分考虑花色苷和单宁物质的含量，采用不同的酿造工艺获得更多有利的花色苷，避免不利的多酚类物质进入葡萄汁中。一般来说，单宁多存在于葡萄果实的种子和果皮中，花色苷主要存在于果皮中。为了酿造高质量桃红葡萄酒，在葡萄原料运输过程中要严格避免挤压，保证葡萄原料的完整性。

各个葡萄品种既有其优点，又有一定的缺陷，而且不同的年份、气候会导致品种的优良特性的表现产生差异。因此，很难用单一的品种酿造优质桃红葡萄酒，不少酒庄采用混酿的方法，取长补短，发挥不同原料的优点。

第三节 桃红葡萄酒的酿造方法

酿造葡萄酒的葡萄分为两种：一种是用来酿造红葡萄酒的黑葡萄类，这些葡萄颜色为深红至黑色；另一种是酿造白葡萄酒的白色葡萄类，这一类葡萄大部分是青绿色的，比如霞多丽（Chardonnay）、长相思（Sauvignon Blanc）等，但是也有小部分是红色的，比如琼瑶浆（Traminer）等。酿造桃红葡萄酒，用以上这些葡萄品种都可以实现。桃红葡萄酒的酿造方法，可以分为以下几种：

一、直接压榨法

普罗旺斯（Provence）和朗格多克-露喜龙（Languedoc-Roussillon）地区多用直接压榨法生产葡萄酒。这种方式在破碎和压榨葡萄上与酿造白葡萄酒的过程一样。葡萄一旦经过破碎，就会马上进行轻柔压榨，释放果汁。为了防止萃取过多的色素和单宁，果汁与果皮的接触时间非常短。压榨过程完成之后，葡萄酒就会正式进入发酵环节。在所有酿造方法中，使用直接压榨法酿造出来的桃红葡萄酒的颜色是最淡的，并且散发着更加精致的芳香，带有草莓和樱桃的风味。直接压榨法生产桃红葡萄酒流程见图 6-1。

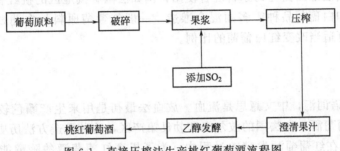

图 6-1　直接压榨法生产桃红葡萄酒流程图

压榨的方法对葡萄酒的质量有重要的影响。压榨中增大压力会提高酚类物质的提取量。因此，在压榨过程中不同压榨程度的压榨汁经过选择后才与自流汁混合，最后的压榨汁都要舍弃，因为具有植物的口感和较高的单宁。

压榨之后，需要添加 SO_2 对葡萄汁进行保护。同时，葡萄汁要用皂土进行澄清，特别是当葡萄感染了灰霉菌时。在澄清过程中，由于花色苷的固定作用会导致色度降低，但这会使酒更鲜亮且不易被氧化。使用小剂量（$0.5\sim2g/100L$）的果胶酶可以促进沉降，但在使用时不建议与膨润土一同使用。沉淀物除去的方式与白葡萄酒相同。

发酵温度保持在 20℃，同时可以通过添加氮源以及通氧改善发酵环境，保证发酵顺利完成。过去，为保持桃红葡萄酒的新鲜和果味，一般不进行苹果酸-乳酸发酵。但现在有的酿酒师选择进行苹乳发酵来让酒更加饱满。在进行时要保持较低的温度，同时保证足够的游离二氧化硫（$20mg/L$）。为了保证苹乳发酵过程中色素物质的稳定，可以添加提取的葡萄籽单宁（$10g/100L$）

二、浸渍法

浸渍法（maceration）主要适合皮红肉白的葡萄原料，酿造颜色较深、酒体较饱满的桃红葡萄酒，如赤霞珠、西拉、黑比诺等属于酿制干红葡萄酒的原料。葡萄采摘后要马上破碎，连皮进行榨汁，让葡萄皮的色素在榨汁的同时融到汁里面。为了控制葡萄汁不被氧气氧化，浸渍过程要求在低温下进行，温度一般在 5℃ 左右，浸渍时间依葡萄原料的颜色而定。如果选用颜色很深的黑葡萄进行酿造（比如赤霞珠、西拉等），这种葡萄原料浸渍时间很短，一般为几个小时。如果选用颜色相对浅一点的黑葡萄进行酿造（比如歌海娜——法国南部和西班牙经常使用的葡萄品种），葡萄破碎后浸渍的时间常常不超过 48h。

在浸渍之前，需要向葡萄果浆中添加约 $50mg/L$ 的 SO_2 用于护色、防止杂菌污染和果汁氧化。浸渍温度较低，一般在 5℃ 左右。浸渍结束后，将皮渣分离得到的澄清汁液用于后续的乙醇发酵，发酵温度一般不高于 20℃，酿造流程如图 6-2 所示。

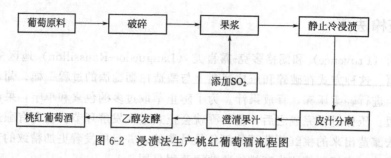

图 6-2　浸渍法生产桃红葡萄酒流程图

还有一种浸渍法是红白葡萄原料混合使用,例如法国香槟地区的桃红香槟,常常选用红葡萄品种黑比诺和白葡萄品种霞多丽混合酿造。一般红葡萄原料与白葡萄原料比为 1:3,根据品种的不同可适当改变红白葡萄的比例。

三、放血法

Saignée 是法语词汇,中文意思是流血。放血法最初是用来生产颜色较深、单宁含量较高的陈酿型干红葡萄酒,在法国的波尔多和勃艮第产区,这种酿造方法历史悠久,其酿造流程如图 6-3 所示。在红葡萄酒发酵的过程中,为了提高红葡萄酒的陈酿能力,一般是在第 1~3d 从发酵罐上层放掉约 10% 的葡萄汁。在之后发酵过程中,葡萄皮中的多酚类物质和花色苷更多地保留在剩余的葡萄汁中,使最终酿制而成的红葡萄酒更丰富、更浓郁,而被放出来的葡萄酒再进一步发酵成桃红葡萄酒。

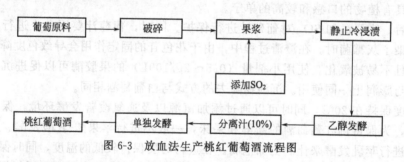

图 6-3　放血法生产桃红葡萄酒流程图

通过这种方法酿制而成的桃红葡萄酒实际上是红葡萄酒酿制中的副产品。通过放血法酿制而成的桃红葡萄酒通常比通过浸渍法酿制而成的葡萄酒,色泽更深更浓,酸度也更高,具有一定陈年能力。

普罗旺斯北面的 Pierrevert 产区所生产的桃红葡萄酒有 50% 以上是采用放血法酿造的,也是唯一一个把这种方法合法化的产区。在法国香槟地区也有 100% 采用黑比诺通过"放血法"酿造的桃红香槟,比如最著名的 Laurent Perrier Rose,这款鼎鼎有名的桃红香槟一直在奥斯卡颁奖晚会中使用。因为这项工艺很难把握,经常造成酿成的桃红葡萄酒颜色不统一,在其他地区使用此方法的酒庄非常少。

四、调配法

调配法(blending)是一种常用的生产桃红葡萄酒的方法,生产流程如图 6-4 所示。红、白葡萄酒的调配比例根据所用葡萄原料的不同而略有不同。例如以佳丽酿为原料生产红葡萄酒,干白和干红的调配比例一般为 1:1,而如果以玫瑰香为原料生产红葡萄酒,则比例一般为 1：3，红葡萄酒所占的份额要大一些。

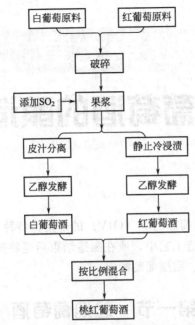

图 6-4　调配法生产桃红葡萄酒流程图

小　　结

桃红葡萄酒的颜色介于白葡萄酒与红葡萄酒之间，一般来说，优质桃红葡萄酒必须具备以下特点。

（1）果香浓郁：具有类似新鲜水果的香气。

（2）清爽适口：单宁等多酚类物质含量不能过高，具备足够的酸度。

（3）酒体柔和：酒度应与其他成分相平衡。

关于桃红葡萄酒的香气特征物质，Murat 曾经做过比较详细的研究。通过对比波尔多桃红葡萄酒和普罗旺斯桃红葡萄酒在风味、香气上的差异，Murat 等发现 3-巯基己醇（3MH）、乙酸-3-巯基己酯和乙酸苯乙酯的含量与桃红葡萄酒的果香特征呈显著正相关，从而确证这三类物质是桃红葡萄酒果香香气的主要贡献者。桃红葡萄酒中的花色苷具有抗氧化和螯合作用，能够保护这些硫醇类物质在葡萄醪液中稳定存在，因此良好的浸渍作用不仅可以提高桃红葡萄酒的颜色，而且还能增加其果香特点。另外，如果葡萄汁与氧气接触时间过长，会有醌类化合物生成，醌类化合物能够氧化硫醇类物质而对桃红葡萄酒的香气产生影响，所以桃红葡萄酒的酿造过程要进行严格的防氧化处理。

第七章
特种葡萄酒的酿造工艺

根据 2015 年国际葡萄与葡萄酒组织（OIV）的规定，特种葡萄酒（vins speciaux）是用新鲜葡萄或葡萄汁在采摘或酿造工艺中，或在酿造结束后经特殊处理的葡萄酒酿造而成，包括起泡葡萄酒、加强型葡萄酒、甜型葡萄酒等。

第一节　起泡葡萄酒

一、简介

起泡葡萄酒是一种富含二氧化碳，具有丰富泡沫、清凉口感的葡萄酒。关于起泡葡萄酒的历史，有的学者认为起源于 18 世纪，出现在法国香槟地区（Stevenson，2005 年）。当时过滤设备无法完全去除瓶中的酵母细胞，在天气寒冷的冬天，酵母菌的发酵活动受到抑制，而等到第二年春天天气转暖后又开始发酵，封瓶后的葡萄酒中就会积累大量的二氧化碳气体，这就是起泡葡萄酒的原型。但由于酵母菌的二次发酵常常会造成瓶子爆裂而对人体造成伤害，当时以 Dom Pérignon 为代表的法国部分人士建议去除瓶中的气泡，这说明起泡酒在当时并不受欢迎。到了 19 世纪，由于工业的发展，人们可以制作出更加结实耐压的设备，这些不安全的因素才得以消除，起泡葡萄酒进入了快速发展期，在法国香槟地区出现了许多有名的香槟酒庄，如 Krug、Pommery、Bollinger 等，香槟酿造法也在这个时候应运而生。

随着起泡葡萄酒越来越受欢迎，在世界范围内又出现了许多新的酿造技术，如密封罐发酵法、加气法等。除了法国香槟地区的起泡酒，意大利、葡萄牙、美国、西班牙、英国也都有著名的起泡葡萄酒品牌出现。各国都制定了起泡葡萄酒相关技术标准，用以控制各个生产厂家的合法竞争，并且保护消费者的合法权益。

二、分类

关于起泡葡萄酒的定义，大多数国家采用欧盟的标准。根据 1987 年 3 月 16 日颁布的822/87 法令中对起泡葡萄酒的明确分类，主要分为起泡葡萄酒、加气起泡葡萄酒、葡萄汽酒、加气葡萄汽酒四类。

（1）起泡葡萄酒　起泡葡萄酒是葡萄原酒经过二次发酵产生二氧化碳气体，在密闭容器中，20℃条件下，二氧化碳的压力不低于0.35MPa，且酒度不低于8.5%（体积分数）。

（2）加气起泡葡萄酒　加气起泡葡萄酒是通过向葡萄原酒中人为添加二氧化碳起泡，且在20℃条件下，二氧化碳的压力不低于0.3MPa，酒度不低于8.5%（体积分数）。欧盟标准规定，欧盟各国生产的加气起泡葡萄酒原酒必须是原产于欧盟内部的葡萄酒。

（3）葡萄汽酒　葡萄汽酒的酒度不低于7%（体积分数），在20℃条件下，二氧化碳的压力不低于0.1MPa，但也不高于0.25MPa，并且二氧化碳气体必须由发酵产生。用于生产葡萄汽酒的葡萄原酒酒度不低于9%，且发酵容器的最大体积为60L。

（4）加气葡萄汽酒　加气葡萄汽酒与葡萄汽酒唯一的区别在于二氧化碳的来源。加气葡萄汽酒的二氧化碳气体可以完全或部分人为添加获得。

三、起泡葡萄酒的原料与环境因素

1. 葡萄的采摘与质量关系

决定采收葡萄的最佳日期是酿造优质葡萄酒的关键因素，因为在最佳采收期葡萄原料拥有最适宜的糖度和酸度。起泡葡萄酒的酸度应相对较高，这是构成起泡葡萄酒清爽感的主要原因，最佳的糖酸比应控制在（18～20）：1。除此之外，采收期还要根据当地的气候和葡萄酒产品的加工工艺而定。严禁在雨天采摘葡萄，防止葡萄霉烂。对于酿造高级起泡葡萄酒，一般选择水热系数在1.5以下种植的葡萄。

另外，在气温较低的地区，全年有效积温一般为2500～3000℃，对酸度的要求很容易达到，但糖度一般不够，需要额外添加糖。而在气温较高的地区，如南美洲的阿根廷、大洋洲的澳大利亚等，年有效积温一般为3000～3500℃，葡萄原料的糖度很高，很容易达到200g/L，而葡萄含酸量不够，需要用酒石酸进行人工增酸，使葡萄原酒的酸度（以H_2SO_4计）达到7g/L。

2. 葡萄品种

不同的酿酒葡萄具有不同的风格，对起泡葡萄酒的质量至关重要。目前，世界范围内主要用于起泡葡萄酒酿造的葡萄品种有如下几种。

（1）比诺葡萄系列　比诺葡萄系列包括黑比诺以及其芽变品种，如白山坡、白比诺、灰比诺、绿比诺等。

黑比诺葡萄属于早熟品种，在大多数地区都能栽培。在较热的地区，黑比诺葡萄易感染灰霉菌病等真菌病害，质量受到严重影响；在较寒冷的地区，易受早春寒危害，引起落花落果。黑比诺葡萄的遗传特性不稳定，经过多年栽培，很容易出现芽变。优良的黑比诺品系的主要特征是果穗中小紧实、果粒中小，能够增加起泡葡萄酒的骨架和醇厚感，可以用于瓶内发酵法生产成熟和耐储存的起泡葡萄酒。目前，法国产的香槟有80%以上都是由黑比诺发酵产生的。

白山坡果穗较大，果粒为深蓝色。与黑比诺相比，白山坡具有较好的抗寒能力，含酸量和含糖量均较高，所酿的起泡葡萄酒质量较黑比诺要差，不适合酿造干白葡萄酒和葡萄汽酒。白比诺含糖量和含酸量都较高，是酿造起泡、干白、葡萄汽酒的主要品种。灰比诺果香味很浓，酸度过低，很少单独用于瓶内发酵法生产起泡葡萄酒，往往和其他品种配合使用。

（2）霞多丽　霞多丽（Chardonnay）具有适宜的酸度，是酿造白葡萄酒、起泡葡萄酒的优良品种，能够保证酿造的葡萄酒具有优雅的果香和陈酿香气。用霞多丽所酿的葡萄酒质量非常稳定，葡萄酒可与酒脚一起储存5年。霞多丽的成熟期比黑比诺要迟一些，但其受到气候的影响非常小，在不同地区和年份的表现较稳定，使其在全世界范围内广泛种植。

（3）雷司令　雷司令（Riesling）被认为是最重要和最好的酿造白葡萄酒的品种之一，适于生长在较为凉爽的地区，所以成为德国及其他一些较凉爽地区的主要种植品种。由于产地和酿造工艺的不同，它具有无甜味到甜味、清新花香味到热带水果味、油质到蜡质等一系列不同的品种特点。雷司令可以用于瓶内二次发酵工艺酿造起泡葡萄酒，但产品质量和陈酿特性较前两种葡萄原料差。

此外，意大利独有的品种（如 Presseco、Durello、Garganega）也能够酿造不错的起泡葡萄酒。如果要酿造芳香型甜起泡葡萄酒，则可以选择玫瑰香品种。

总的来说，不同的酿造工艺对原料质量的要求不同，瓶内二次发酵法生产起泡葡萄酒对葡萄原料的要求最为严格，其次为密封罐发酵法。葡萄汽酒的生产则对原料没有要求。优质的起泡葡萄酒常常采用不同品种酿制的基酒勾兑后再进行二次发酵而成，这样品种间就可以取长补短。

3. 环境因素

起泡葡萄酒的生产对环境因素的要求较高，最好应该是在较为凉爽的低温地区生产。因为在这样的气候条件下，葡萄成熟过程缓慢，多酚类物质、芳香物质及苹果酸的氧化程度较低。葡萄在成熟时含酸量高，尤其是苹果酸的含量与酒石酸的比例约为 1：1。在温度较低的区域，葡萄的含糖量一般不会很高，但基本能够满足自然酒度 9.5% 的要求。李华等对优良起泡葡萄酒产区的气候指标总结如下：活动积温 2500～2800℃；有效积温 1000～1200℃；日照时数 1200～1500h；年降水量 700～1200mm；$XH×10^{-6}$ 为 2.6～3.0（其中，X 为活动积温；H 为日照时数）。

对于土壤条件，最好的种植起泡葡萄酒原料的土壤为钙质灰泥土，土壤中氮源含量要较高，能够保证酵母菌在原酒乙醇发酵过程中细胞生长所需。此外，钾元素的含量不能过高，因为钾元素容易形成钾盐，降低葡萄酒中的总酸。钾还与镁存在拮抗作用，过量钾的存在，会抑制葡萄对镁元素的吸收，从而导致葡萄汁中含糖量降低。

4. 葡萄栽培技术

起泡葡萄酒对原料的要求与普通葡萄酒不同，这就要求在栽培技术上也要有所差异。在起泡葡萄酒的著名产区，用于酿造起泡葡萄酒的葡萄园的种植密度较低，葡萄主干高度较高，以提高结果部位。采收期相对要早，需要对葡萄的成熟系数、pH、总酸与苹果酸和酒石酸的含量进行监控，从而确定最佳采收期。

四、起泡葡萄酒的酿造工艺

起泡葡萄酒的酿造分为两个过程：①原酒的酿造；②密闭容器中的二次乙醇发酵。

1. 原酒的酿造

（1）原料的破碎　葡萄采摘后要对其中破损、霉烂、变质、未成熟的果实进行剔除，并且要立即除梗、破碎，注意葡萄果实破碎要彻底。破碎后的葡萄果实要及时进行压榨取汁，最好采用气囊压榨设备，因为这种设备既能很好地将葡萄汁从果实中挤压出来，保证葡萄的果香很好地扩散到葡萄汁中，又能防止将果梗和葡萄籽压碎，避免葡萄籽或梗中的劣质单宁过量溶出，对口感造成不良影响。

不要一味提高出汁率，这样会显著降低葡萄汁的质量，出汁率要控制在 60% 左右。在法国、西班牙、阿根廷、澳大利亚、葡萄牙等国家，压榨一般分几次进行：第一次得到的少量葡萄汁用于酿制高档起泡葡萄酒；第二次的压榨汁只能用于生产普通级别的起泡葡萄酒；第三次的压榨汁由于质量已经不能满足发酵葡萄酒的要求，所以只能用作酿造蒸馏酒的原酒。因此压榨要分次进行，分次取汁，只用自流汁和一次压榨汁酿造原酒。

（2）葡萄汁的处理 压榨得到的葡萄汁要及时进行处理，主要包括添加二氧化硫，澄清处理，调整糖度、酸度和颜色，冷冻储藏等。起泡葡萄酒原汁标准见表7-1。原汁中总糖不能太高，否则在二次发酵时酒度过高，造成发酵失败。

表7-1 起泡葡萄酒原汁标准

名称	数值
总糖（以葡萄糖计）/（g/L）	180～220
总酸（以酒石酸计）/（g/L）	5.0～8.0
pH值	2.9～3.5
单宁/（g/L）	<0.05
钙/（g/L）	<0.3
铁/（mg/L）	<5

① 二氧化硫的添加 二氧化硫的添加要和压榨取汁同步，从而使二氧化硫与葡萄汁充分混合，以严格防止葡萄汁的氧化。不同国家对二氧化硫的浓度要求不同，一般为30～100mg/L。表7-2为不同国家对葡萄汁中二氧化硫的浓度要求。

表7-2 各国对葡萄汁中二氧化硫的浓度要求

国别	法国	西班牙	德国	阿根廷	匈牙利
浓度/（mg/L）	30～80	60～100	50～100	50～80	50

② 澄清处理 对葡萄汁进行澄清处理能够去除悬浮的大颗粒物质，如泥土、蛋白质等，还能降低铁的含量，因此可以提高葡萄酒的质量。澄清方式包括静置、离心、添加膨润土等。由于葡萄采收季节温度较低，且葡萄汁中悬浮物含量较少，在法国主要采用静置法。在意大利，压榨取汁后会及时进行离心操作，然后低温（0℃左右）处理数天，并加入单宁和明胶，之后用硅藻土过滤机对葡萄汁进行过滤。在阿根廷则普遍采用添加膨润土的方法对葡萄汁进行澄清，膨润土的用量较小，但可以显著去除葡萄汁中的氮，提高葡萄酒的稳定性。

③ 调整糖度 在起泡葡萄酒的原酒酿造或二次发酵过程中，为了获得所需的酒度和足够的二氧化碳气体，一般需要在葡萄汁或原酒中添加糖浆。糖浆是用蔗糖溶于葡萄酒中加工生产的，其含糖量为500～625g/L，添加糖浆能够使葡萄汁在发酵过程中产生愉快的香气，增强酒的风味。

一般情况下，在酿造10%酒度的起泡葡萄酒时，4g/L的糖经过发酵可产生0.1MPa的气压。因此在装瓶时，一般加入24g/L的糖，以使起泡葡萄酒在去塞以前达到0.6MPa的气压。表7-3列出了获得不同压力时需要添加糖浆的量。

表7-3 加糖浆量与二氧化碳压力的比例关系　　　　　　　　单位：g/L

酒度（体积分数）/%	压力/MPa		
	0.5	0.55	0.6
9	19	21	23
10	20	22	24
11	21	23	25
12	22	24	26

（3）乙醇发酵

① 干型葡萄原酒的发酵 在法国香槟地区和西＋班牙，葡萄原酒的发酵主要在带冷却

设备的大容量（>100t）不锈钢发酵罐中进行，温度控制在 16～20℃。较低的发酵温度可以使葡萄品种的香气更好地溶于葡萄原酒中。在法国香槟地区和澳大利亚，原酒在发酵过程中还要添加 0.25～0.5g/L 的膨润土用于对葡萄汁的澄清和稳定。在阿根廷，葡萄原酒是在水泥发酵池中进行发酵的，发酵温度控制在 15～18℃，发酵时间约为 30d。

起泡葡萄酒原酒的发酵工艺总结如下：

a. 葡萄汁要进行澄清处理，调整糖度，添加一定量的二氧化硫；

b. 低温操作，接种 5% 的活性干酵母，发酵温度控制在 15℃ 左右；

c. 装液量应控制在罐容积的 80%；

d. 发酵初期酵母生长较慢，3～4d 后其生长进入旺盛期，温度会迅速上升，此时要控制温度不超过 18℃，控制发酵速度；

e. 发酵结束后要及时补充一定量的二氧化硫，使其浓度保持在 30mg/L；

f. 整个发酵周期要尽量少接触空气，防止氧化，以使葡萄本身的果香最大限度地保留在原酒中。

酿造优质起泡葡萄酒的原酒要符合表 7-4 所列的标准。

表 7-4　原酒的质量标准

指标	单位	数值
酒度(体积分数)	%	9～11
残糖(以葡萄糖计)	g/L	<4
总酸(以酒石酸计)	g/L	6～7
挥发酸(以乙酸计)	g/L	<8
pH 值		2.9～3.5
游离二氧化硫	mg/L	<30
单宁	g/L	<0.05
钙	g/L	<0.3
铜	mg/L	<1
铁	mg/L	<5

② 芳香甜型葡萄原酒的发酵　芳香甜型葡萄原酒的生产在阿根廷和意大利较流行，产量也较高。其最大的发酵特点是需要不断添加膨润土处理（约 1g/L），再进行过滤操作，目的是去除葡萄汁中的营养物质，以使最终的含较高糖的起泡葡萄酒具有良好的生物稳定性。一般情况下，整个发酵周期要进行四次澄清处理，前三次分别在酒度达到 2%、3%、4% 时进行，最后一次则在酒度在 5%～6% 之间时进行，膨润土和酪蛋白同时使用的效果更好。之后将正在发酵的葡萄汁冷却到 <5℃，再进行离心处理。这样得到的葡萄原酒含糖量在 80g/L 左右，在二次发酵时能够产生足够的二氧化碳气体。原酒要储存在低温（0℃）环境下，以防止再次发酵。

（4）苹果酸-乳酸发酵　苹果酸-乳酸发酵并不是都被各个国家所采用，在法国香槟地区所有的香槟原酒都需经过苹果酸-乳酸发酵；而奥地利、西班牙、意大利等国，一般都采用及早分离、过滤、添加二氧化硫等操作，避免苹果酸-乳酸发酵的进行。

2. 密闭容器中的二次乙醇发酵

二次发酵可以在瓶内进行，也可以在密封罐内进行。如果葡萄原酒是干型的，即所含的糖分很低，不能触发二次发酵，则需要添加适量的糖浆；如果葡萄原酒是甜型的，即所含的糖分足够二次发酵，则无须添加糖浆。

（1）瓶内二次发酵　瓶内二次发酵有两种操作方法：传统法和转移法。传统法的操作流程如图 7-1 所示。

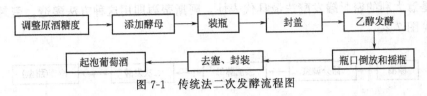

图 7-1　传统法二次发酵流程图

① 装瓶前操作　原酒在发酵结束后，由于经过过滤操作，酵母含量较少，并且干型原酒糖度只有不到 1g/L，所以在装瓶进行二次发酵前要对原酒的糖度进行调整，并且添加新鲜的酵母菌及一些辅助因子，如氮源、维生素、膨润土等，有利于瓶内发酵及沉淀去除。

在香槟地区，选择二次发酵的酵母菌种的标准为：能适应二次发酵的环境、耐受低温（10℃）、发酵彻底、对摇瓶的适应。在西班牙，进行二次发酵的酵母菌种除了满足以上指标外，还要求不产生硫化氢气体。

酵母菌在使用之前要进行活化，一般用含糖的葡萄酒活化酵母细胞，之后添加到葡萄原酒中。接种量要适宜，一般要求活细胞数达到 10^6 CFU/mL。接种量过低，瓶内发酵速度过慢，甚至不能完成发酵；接种量过高，发酵速度过快，可能会影响后续产品的口感和风味。

在装瓶前还要添加一些铵态氮源，如磷酸氢铵等，为酵母细胞提供生长必需的氮源，添加量一般为 15mg/L。此外还可以添加一些维生素 B_1，有利于酵母细胞完成发酵。另外，添加膨润土有利于发酵结束后葡萄酒的澄清和去塞，用量一般为 0.1～0.5g/L。

② 封盖　装瓶结束后的封盖一般选用皇冠盖，这是因为皇冠盖比一般的木塞密封性更好，更易去除，且能保证葡萄酒缓慢成熟。

③ 瓶内发酵　将装瓶后的葡萄酒水平堆放在横木条上，进行瓶内二次发酵。环境温度控制在 10～18℃，持续 30d 左右。因为低温发酵时酵母的代谢活动缓慢，所产生的气泡小且持续时间长，有利于果香味的增强。

发酵结束后，起泡酒进入储存期。优质起泡葡萄酒最长需储存一年以上，进行充分成熟。将需要储存的起泡葡萄酒瓶口朝下插在特制的倾斜带孔的木架上（倒放），隔一段时间转动酒瓶并摇动（摇瓶）。倒放和摇瓶能够使瓶内的沉淀集中到瓶塞上，便于后续的去除。

④ 去塞和封装　去塞就是将处于瓶塞处的沉淀利用瓶内的压力冲出，并尽量避免酒与气泡的损失。在去塞时，需要将瓶颈于 -12～-20℃ 冷却液（低温盐水）冷冻处理一段时间，使沉淀冻结于瓶塞上，去塞的同时去除沉淀。

去塞后的起泡葡萄酒需补加同类原酒以补足损失的葡萄酒。如生产干型起泡酒，可用同批原酒或同批起泡酒补充；生产含糖的起泡酒可用同类原酒配制的糖浆补充。另外，补液中可加入柠檬酸以补偿由于稀释作用引起的总酸的降低，也可加入 SO_2 或（和）维生素 C 防止氧化，保证起泡葡萄酒的香气（Ribereau Gayon，1998 年）。

转移法与传统法的操作流程差异不大，只是在瓶内发酵结束后，将酒从瓶中倒入预冷的小金属罐中，在操作过程中不能损失二氧化碳。葡萄酒在金属罐内储存 8～12d 后，在等气压条件下进行无菌过滤、灌装。转移法大大降低了操作强度，并且葡萄酒调配均匀，加强了葡萄酒质量的稳定性。但是这种方法并没有大大推广，尤其是摇瓶和去塞的自动化以及密封罐法的发展，使这种方法的使用率大大降低。

（2）密封罐内发酵　密封罐法进行二次发酵具有许多优势，如能降低生产成本，缩短发酵时间，简化酿造工序，更适应工业化大生产的要求。因此，这种方法在很多国家非常流行，尤其是意大利的密封罐发酵法最具代表性，阿斯蒂酒即用这种方法酿造。密封罐法二次发酵流程见图 7-2。

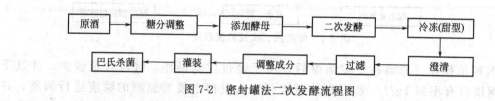

图 7-2　密封罐法二次发酵流程图

密封罐法二次发酵关键技术如下：

① 对于芳香甜型起泡葡萄酒，原酒发酵到酒度 6% 左右；

② 对于干型起泡葡萄酒，葡萄原酒中需加入糖浆调整糖度，芳香甜型视情况而定是否加入糖浆；

③ 转入密封罐内并添加酵母，低温发酵（12～15℃），时间一般为 30d；

④ 对于芳香甜型起泡葡萄酒，发酵中采用冷冻处理停止发酵；

⑤ 添加明胶和膨润土对葡萄酒进行澄清处理；

⑥ 在等气压条件下进行离心；

⑦ 等气压无菌过滤；

⑧ 对于干型起泡葡萄酒，在灌装前可添加调味糖浆进行调配，调味糖浆含有 600g/L 的糖，其中可加入柠檬酸、SO_2 和维生素 C 等；

⑨ 灌装；

⑩ 对于芳香甜型起泡葡萄酒，需在瓶内进行巴氏杀菌。

密封罐法对设备的要求较高，设备一般为不锈钢罐或涂有环氧树脂的普通钢罐，抗压能力要 >0.8MPa，并定期检查温度计、气压计和固定搅拌器是否处于良好状态。装液时要从罐底部注入，装液量不超过容积的 96%。待乙醇发酵开始 36～48h 后关闭顶部阀门。

发酵结束后还要进行低温（12～14℃）储存 6～8 个月，以促进酒体成熟。在等压条件下进行分离、过滤、离心等操作，等压条件可以用 N_2、CO_2 等气体实现。

五、葡萄汽酒

葡萄汽酒与起泡葡萄酒的唯一区别是瓶内的二氧化碳压力较低，一般为 0.3MPa 以下。不同国家对压力的要求不同，欧盟标准规定，葡萄汽酒的酒度应大于等于 7%，气压为 0.15～0.2MPa。我国对葡萄汽酒气压的规定是压力在 20℃下为 0.05～0.25MPa。

六、加气葡萄酒

加气葡萄酒不同于起泡葡萄酒，其二氧化碳可以人为添加，而不必由发酵获得，因此加气葡萄酒的成本要低于起泡葡萄酒。Amerine 等认为最好的加气方式是将葡萄酒冷却到接近冰点，在 -4.4℃ 的温度下充入气体，然后将充完气体的葡萄酒储存一段时间，使葡萄酒与二氧化碳气体平衡后，在低温和加压条件下进行过滤，装瓶。

七、小结

起泡葡萄酒的生产对葡萄原料、气候条件、酿造工艺等都具有较高的要求。欧盟有非常成熟的起泡葡萄酒生产标准，这对于我国生产企业来说可以加以借鉴。生产起泡葡萄酒最好在气候条件凉爽的地区，这样能够保证葡萄原料具有优雅的果香和适宜的酸度。主要的起泡葡萄酒生产原料包括雷司令、索维浓、玫瑰香、黑比诺、霞多丽等。影响起泡葡萄酒质量的因素是多样的，包括原酒的质量和组分、发酵温度、酵母菌种、氧化程度等。传统法进行二次发酵的劳动强度较大，但所生产的起泡葡萄酒质量和陈酿能力较强，适用于生产高档起泡葡萄酒；密封罐法则大大降低了操作的强度和过多依赖于经验的程度，但所制成的葡萄酒不适合过长的陈酿。

第二节　加强型葡萄酒

在葡萄酒酿造过程中，乙醇发酵完成后或者乙醇发酵未完成时，添加蒸馏乙醇（通常是白兰地）。添加乙醇的过程，提高了成品酒中的乙醇含量，酒也就变得"更有劲"了，酒的力道也被"加强"了，因而称为加强型葡萄酒或加烈葡萄酒。

若乙醇发酵未完成时加入蒸馏乙醇会杀死酵母菌，使发酵过程中止，因而酒中仍有很多天然糖分没有被酵母消耗，最终得到甜度和酒度都更高的葡萄酒。该类加强型葡萄酒通常被称为"餐后甜酒"。若在发酵完成后再添加蒸馏乙醇，则最终得到的葡萄酒会呈现干型，即只有酒度提高。

对葡萄酒进行加强一开始是作为一种延长保存时间的手段。现在，对葡萄酒进行加强是为了增强葡萄酒的风味和酒度。常见的加强酒有西班牙的雪利（Sherry）、葡萄牙的波特（Port）及马德拉（Maderia）、意大利的玛莎拉（Marsala）以及法国的天然甜葡萄酒（Vin Doux Naturels，VDN）。

一、雪利酒

雪利酒（Sherry）这个词来源于发明这种酒的城镇——郝雷兹（Jerez de la Frontera），位于西班牙南部。因该城镇名字的拉丁语为 Xeres，阿拉伯语为 Cherrisch，转变为英语则为Sherry，所以其葡萄酒采用地名来命名为 Sherry。雪利酒包含一系列甜度不同的开胃酒，从干酒到相当甜的类型均有。

雪利酒有两种不同的种类，分类方法以酿造过程中"开花"或"不开花"为依据。所谓的开花（flor），就是指在酿酒过程中，酒的表面会浮上一层白膜，看起来就像是葡萄酒开了花一般，称为酒花。它是在赫雷兹产区特殊的风土环境下空气中原本就存在的微生物，是一种活酵母菌，主要有六种，属于酿酒酵母（Saccharomyces）。在不同产地、不同酒窖、不同风土环境，其组成比例会有变化，导致各个产地和酒庄所产的雪利酒有自己独特的风味。以该法酿造的雪利称为菲诺（Fino）雪利，其香气像新采摘的苹果一样，有时也可嗅到一种似乎像"苦杏仁"那样的香气，其味淡且细腻，该酒为干型，外观呈淡淡的金黄色，酒度为17%～18%（体积分数）。一般情况下，添加的乙醇量较少，是一种很好的饭前开胃酒。另外一种雪利酒是酿造过程中不开花的（就是没有白膜的），称作奥罗索（Oloroso）雪利酒，在整个酿造过程中没有大量"酒花"。其芳醇、浓厚，具有核桃仁香，回味无穷，外观比菲诺雪利酒颜色深，呈金黄色，乙醇浓度较高［一般葡萄酒为 17%～22%（体积分数）］，通常作为饭后酒。以菲诺雪利为例，酿造工艺如图 7-3 所示。

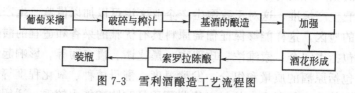

图 7-3　雪利酒酿造工艺流程图

相关技术要点如下。

（1）葡萄采摘　经过葡萄根瘤蚜虫灾难之后，雪利酒只允许三种葡萄品种酿制：帕诺米诺（Palomino）、佩德罗-希梅内斯（Pedro Ximenez）和麝香（Moscatel）。其中，帕诺米诺是酿造菲诺雪利的最传统的葡萄品种。葡萄采摘一般从 9 月份开始，采下来的成熟葡萄，白天让其受太阳暴晒（4～5d）以提高葡萄含糖量，这是西班牙独创的好方法。

（2）破碎与榨汁　破碎后最清澈的自流汁可直接收入木桶中，待葡萄渣再无葡萄汁流出时进行压榨。第一次榨出来的葡萄汁与自流汁混在一起，含糖量一般为 260g/L 以上。

（3）基酒的酿造　将混合汁进行澄清后移至橡木发酵桶中，加入 0.25～0.3g/kg SO$_2$，接入酵母（接种量为 5%～6%），30℃ 下进行发酵。和正常干白葡萄酒酿造方式一样，酿成酒度为 11%～12.5%（体积分数）的葡萄酒，这就是雪利酒的基酒。当发酵几乎停止时换桶，将沉淀的酒脚和新酒分开，避免新酒带上酒脚味或硫化氢味。

（4）加强　发酵结束后，基酒会放进桶中培养，橡木桶不密封不上盖，留下一些空间，培养的过程大概持续到 12 月底。在这过程中要确定所有橡木桶中基酒的品质和之后要做成的类型，若长出酒花菌落，其中香气最清雅、酒体最清淡适中的，被选作酿造菲诺雪利酒；若没有长出酒花菌落，就酿造成奥罗索雪利酒。

在次年 2 月份左右，将上层清酒液输送到杀菌后的木桶中，添加用基酒稀释的白兰地［乙醇浓度为 56%（体积分数）左右］以提高葡萄酒中的乙醇含量。

加强过程要慢慢地添加白兰地，以免桶里基酒的酒度提高太快，导致酒花死亡。如果要酿成奥罗索雪利酒，加强到酒度 17%（体积分数）。酿造菲诺雪利时，因酒花无法在酒度为16%（体积分数）以上的酒液中生存，加强至酒度 14.5%～15.5% 左右（体积分数）。

（5）酒花形成　酒花喜好凉爽适中的温度（15～20℃）和较高的湿度，通常每年春季的4～5 月份和秋季的 8～9 月份是酒花生长最快的时期。酒花会利用酒液中的残糖、空气中的氧气以及其他葡萄酒成分，产生 CO$_2$ 和乙醇。同时产生很多芳香类物质，主要为酯类和醛类，为雪利酒带来如新鲜杏仁、核桃、烤面包和青苹果的香气，这就是菲诺雪利酒有如黄酒般香气的主要原因。通常没有酒花的雪利酒，酒中的原始含糖量大约为 5g/L，菲诺雪利酒经过酒花 4～5 年的作用，含糖量会降到 1g/L 以下，成为世界上最干的葡萄酒之一。

（6）索罗拉陈酿　索罗拉系统（Bryce Rankine，1989 年）如图 7-4 所示，系统可能由上千个橡木桶组成，分层叠放，最下面一层就称作索罗拉层（Solera，地板的意思），索罗拉层上面堆 2～3 层成金字塔形，最多不超过四层。除索罗拉层，往上每一层都叫作培养层（Criadera），第一层叫第一培养层（1st Criadera），第二层叫第二培养层（2nd Criadera），以此类推。每一层包含不同年份的酒，最年轻的酒在顶上，次年轻的在下面。

每年一次或数次从索罗拉层的酒桶中取出一定数量的葡萄酒［一般是 10%～25%（体积分数）］勾兑装瓶。再从陈酿期较短的培养层酒桶里取出同量的酒补足。

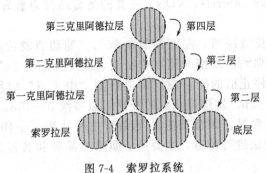

图 7-4 索罗拉系统

索罗拉系统对雪利酒来说是一个特殊且必要的成熟方式，以菲诺雪利酒为例，如果没有新酒添加进来，酒花 3~5 年就死亡，有新酒添加进来，可生存 10~12 年。这样由陈到新依次调和，可以让每年的雪利酒保持一致的风格和风味。

需要注意的是，甜型雪利酒中的糖分是发酵结束后人为添加的，含糖量可高达 20%~25%。

二、自然甜型葡萄酒

1285 年，一名来自蒙特皮里尔大学的化学家 Arnaud de Villeneuve 发明了自然甜酒现在通用的"mutage"方式，即在新鲜葡萄汁［潜在酒度不得低于 14.5%（体积分数）］发酵完成之前人工添加烈酒中止发酵，从而酿造出一种葡萄风味浓郁、甜而高酒度［15%~18%（体积分数）］的加强酒。酒评家常用"rancio"来形容天然甜酒中的葡萄干、坚果、黄油和干果的味道。

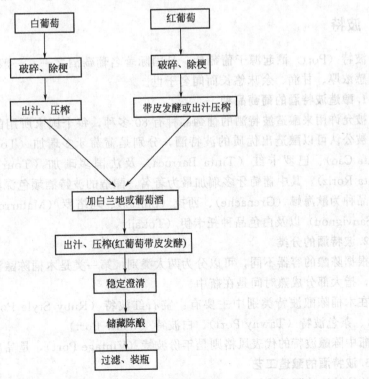

图 7-5　自然甜型葡萄酒酿造流程图

自然甜酒（vins doux naturels，VDN）主要的葡萄品种为歌海娜和麝香型品种，其酿造工艺如图 7-5 所示。

白葡萄酒发酵时无皮渣浸渍，温度控制在 25℃。葡萄酒较清爽，在酿造后 8～18 个月即可上市。对于红葡萄酒，发酵时用皮渣浸渍，温度控制在 30℃。浸渍可在发酵停止前或停止后进行，发酵停止前的浸渍在发酵进行到"中止点"时结束，因此最好放慢发酵速度，浸渍可持续 2～8d。发酵停止后的浸渍可以持续 8～15d，从而提高色素、多酚、矿物质以及芳香物质的含量。该法酿造的葡萄酒果香味浓，干物质含量高，适合陈酿。另外，也可用 CO_2 浸渍法进行酿造，主要用于麝香型品种和其他红色品种，得到的果香味最浓。

当发酵汁的密度降到中止点时，首先对葡萄汁进行冷冻、离心，然后加入相应量的乙醇中止发酵，之后进行 SO_2 处理，以中和乙醛、阻止氧化，其用量一般为 100mg/L。天然甜型葡萄酒在发酵工艺中的终止发酵的方法主要有 3 种。

① 传统发酵法　葡萄浆发酵时，当糖度降低到一定数值时兑入葡萄酒，使酒度达 16％（体积分数）以上，迫使发酵中途停止。此法含糖量低、发酵时间短，发酵操作相对容易。

② 过四发酵法　发酵开始先兑入 4％乙醇，当发酵进行到糖度含量合适时再补加乙醇，使总酒度达到 16％（体积分数）以上。这种方法可避免自然发酵初期一些酵母的同化，亦有益于品质的改善。

③ 乙醇逐步添加法　此法的特点是在发酵前及发酵过程中逐渐添加乙醇，也可以补加糖分和补加乙醇并用。该法有利于安全发酵，同时延长发酵时间，便于产生更多的发酵副产物，但操作比较烦琐。

中止的发酵液里积累了由糖到乙醇复杂变化过程中的一系列中间产物，加上发酵最终产物和果实原料构成了浓郁的香气，但发酵中间产物的存在会对产品的稳定性能产生影响。

三、波特

波特（Port）酒起源于葡萄牙，是国际著名葡萄酒之一，一般为甜型，属待散葡萄酒，以口感浓厚、甘润、余味悠长而闻名于世。

1. 酿造波特酒的葡萄品种

被允许来酿造波特酒的葡萄品种有 80 多种，每个国家所用的不同，在葡萄牙有 5 个品种被公认可以酿造出优质的波特酒，分别是葡萄牙多瑞加（Touriga Nacional）、卡奥红（Tinta Cao）、巴罗卡红（Tinta Barroca）及法国多瑞加（Touriga Francesa）和罗丽红（Tinta Roriz）。其中葡萄牙多瑞加最为著名，酿造的波特酒颜色深黑，单宁强劲。澳大利亚常用品种为歌海娜（Grenache）、西拉（Shiraz）、玛塔罗（Matarromera）、赤霞珠（Cabernet Sauvignon）以及白色品种托卡伊（Tokaji）。

2. 波特酒的分类

根据陈酿的容器不同，可以分为两大类别：第一类是木桶陈酿波特；第二类是瓶中陈酿波特，指大部分成熟时间是在瓶中。

在木桶陈酿波特类别中主要有：宝石红波特（Ruby Style Port）、迟装瓶波特（LBV Port）、茶色波特（Tawny Port）、白波特（White Port）

瓶中陈酿波特的代表风格则是年份波特（Vintage Port），是品质最高的波特酒。

3. 波特酒的酿造工艺

传统的波特酒是采用过熟的葡萄（还可通过浓缩葡萄汁或补加糖源来达到提高含糖量的

目的）破碎后发酵，发酵温度通常为 18～25℃，通常在波美度约为 9 时（一般为 3～4d）分离汁液，加入高度葡萄酒进行强化，使乙醇体积分数为 18%，使酵母菌活性受到抑制以停止发酵，再经过稳定等一系列处理和陈酿而制成，葡萄酒的最终甜度为 3.5～6 波美度。其中，切合波特酒工艺特点的中止发酵法与自然甜型葡萄酒的中止方法相同。

第三节　甜型葡萄酒

一、贵腐葡萄酒

1. 简介

贵腐葡萄酒是利用感染灰霉菌（也叫贵腐霉菌，*Botrytis cinerea*）的白葡萄，经特殊工艺酿造而成的甜白葡萄酒。灰霉菌是一种自然存在的微生物，经常寄生在葡萄皮上，这种微生物对人体无害。与其他附着在葡萄果实表面的微生物不同，贵腐霉菌有其特殊之处：若贵腐霉菌附着在尚未成熟的葡萄皮上，则会导致葡萄的腐烂。但它若附着在已经成熟的葡萄果实上，则会大量繁殖而穿透葡萄皮，使葡萄皮表面布满肉眼看不见的小孔，促使葡萄中80%～90%的水分得以蒸发，从而使葡萄浆果中的糖分、有机酸等成分呈高度浓缩的状态，同时葡萄的其他成分也发生了较大变化：柠檬酸、葡萄糖酸含量升高，酒石酸含量下降，苹果酸含量升高；多元醇含量升高；钾、钙、镁等矿物质含量升高；产生多糖，最终形成了含糖量很高而且芳香浓郁的贵腐葡萄。

有研究表明，贵腐霉菌侵染葡萄果实与环境有密切关系。干湿交替的环境有利于贵腐病的发生，比如在河谷的周围夜晚湿润，上午多雾和存在露水，细菌容易繁殖；而下午阳光充裕、炎热多风则有利于糖分的浓缩。当葡萄充分成熟 [潜在乙醇 12%（体积分数）～13%（体积分数)] 且 pH<3.2 时，贵腐霉菌开始感染葡萄果粒。肉眼观察染病葡萄果粒，果皮很薄，呈金黄色并带有棕色的斑点。在显微镜下观察感染贵腐病的葡萄，可以发现细菌是通过果皮上一些微小的伤口侵入果粒的。导致果粒出现伤口主要有两方面的原因：一方面是葡萄在成熟过程中，由于果粒的增大而产生张力，张力作用使果皮产生一些微小的裂隙；另一方面是果实在成熟过程中，皮孔的周围也会形成一些环形的裂隙。

贵腐病的发展分为几个阶段：斑粒、全腐粒、毛粒和烧烤粒。在全腐粒阶段葡萄呈棕色，果粒仍然保持完整，但果皮已经没有任何保护作用，在阳光和风的作用下水分很快蒸发，果粒变瘪并进入烧烤粒阶段。水分的蒸发使糖分和有机酸高度积累。烧烤粒的形成是一个漫长的阶段，大约需要几个星期，在此期间可以对葡萄进行筛选式的采摘，但只有整穗的葡萄全部进入贵腐阶段才是真正的收获季节。收获贵腐葡萄时要剔除被其他霉菌和细菌感染的葡萄果粒，以保证贵腐葡萄的优良品质。

2. 贵腐酒酿造工艺

贵腐酒酿造工艺与甜白葡萄酒酿造工艺类似，工艺流程如图7-6所示。

相关技术要点如下。

(1) 葡萄采收后及时压榨取汁，并添加一定量的 SO_2 避免葡萄汁被氧化，SO_2 的添加量一般为 40～70mg/L。

(2) 由于贵腐葡萄汁含糖量较高，黏稠度大，澄清时可采用自然常温澄清 24h 或降温至 0℃澄清 3d 左右。

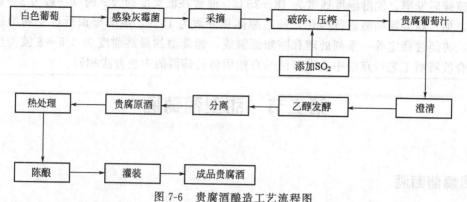

图 7-6 贵腐酒酿造工艺流程图

（3）在发酵开始时用 400～800mg/L 的膨润土进行处理。在发酵中期加入 25～40mg/L 的铵态氮及 50mg/L 维生素 B_1 加快酵母菌的发酵进程。

（4）整个发酵过程中温度控制在 18～22℃，应注意监测酒度和残糖。发酵终止的时间根据原料含糖量而定，一般来讲，当残糖的潜在酒度与实际酒度的个位数相等时停止发酵，此时贵腐酒的口感比较好，比如说 3＋13、4＋14 和 5＋15（3、4、5 为残糖的潜在酒度，13、14、15 为实际酒度）。

（5）分离过程应密闭进行，防止氧化，同时添加 SO_2（用量为 200～350mg/L），也可结合 SO_2 用抑菌剂和二碳酸二甲酯中止发酵。

（6）对分离所得的原酒进行热处理，以杀死微生物，避免葡萄酒的氧化和再发酵。

（7）陈酿时间一般为 2～3 年。在储存过程中每周进行一次添桶并定期进行倒桶，以除掉粗糙的酒泥。倒桶的间隔一般为 3 个月，直到装瓶为止。

二、冰酒

按照国家标准《冰葡萄酒》（GB/T 25504—2010），冰葡萄酒是指将葡萄推迟采收，当自然条件下气温低于−7℃时，使葡萄在树枝上保持一段时间，结冰之后采收，在结冰状态下压榨，发酵酿制而成的葡萄酒（在生产过程中不允许外加糖源）。根据 OIV（2015 年）规定，冰酒（Ice Wine）是甜型葡萄酒，属于特种葡萄酒的一种。

1. 冰酒的历史

冰酒的酿造历史悠久，据史料记载，冰酒诞生于 200 多年前的德国。当时由于气候的原因，德国的一个葡萄园遭到突然来袭的冻害。为了挽救损失，酒庄的工作人员将冰冻的葡萄压榨，按照传统方式发酵酿酒，最后得到的葡萄酒质量极好、酒体饱满、风味独特。

全世界只有奥地利、德国及加拿大等处于高纬度的国家才具有冰酒酿造的气候条件，如德国的 Mosel 地区（莱茵河支流地区）、法国 C.E.E（勃艮第北部）、加拿大尼亚加拉和欧堪纳甘等地。我国辽宁省的桓仁县北甸子乡位于北纬 41°，具备冰酒酿造的天然条件，被称为中国的"黄金冰谷"。由于生产方式独特、产量稀少，大概每 10kg 左右冰葡萄可压榨一瓶 375mL 的冰酒，因此被称为"大自然赐予的礼物"，市场售价较其他类型葡萄酒要昂贵许多。

2. 酿造冰酒的葡萄品种

冰酒按颜色划分主要有两种：冰红酒和冰白酒。其酿造工艺基本相同，只是葡萄原料不同。在德国，酿制冰酒的葡萄品种通常有雷司令（Riesling）、施埃博（Scheurebe）、穆思卡得（Muskateller）、穆勒图格（Muller Thurgau）、琼瑶浆（Gewurztraminer）、奥特加（Ortega）。在加拿大，冰酒葡萄品种通常采用雷司令（Riesling）、威达尔（Vidal）、琼瑶浆（Gewurztraminer）、灰皮诺（Pinot Gris）、霞多丽（Chardonnay）、佳美（Gamay）和梅洛（Merlot）等。

3. 冰酒的酿造工艺

冰酒的酿造工艺类似于白葡萄酒或桃红葡萄酒酿造工艺，采用澄清汁发酵。唯一的区别是生产冰酒的原料必须要在自然环境下结冰之后才能采收，带冰压榨取汁，得到的葡萄汁含糖量非常高，一般＞300g/L（以葡萄糖计）。

冰酒的酿造流程如图7-7所示，相关技术要点如下。

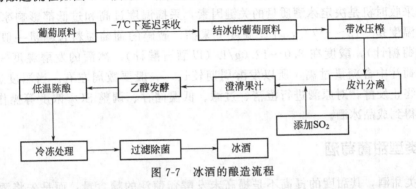

图7-7　冰酒的酿造流程

（1）葡萄采收　一般的酿酒葡萄大多在每年的9~10月份成熟，如果用于酿造普通的白或红葡萄酒时，随即采摘。但如果要酿制冰酒，葡萄在9月份成熟后要继续挂在枝头，经历2~3个月的日照脱水风干。等到了冬季12月份，当温度达到－7℃且持续12h以上时，葡萄果实结冰，经酿酒师检验其糖度、酸度及各种指标达标后方可采收。

葡萄采摘一般要在日出之前进行，需戴着手套拿剪刀小心翼翼地将冰冻的葡萄采摘下来，避免日出后的阳光照射使其融化，最理想的采摘温度为－13~－7℃。

（2）压榨取汁　采摘下来的葡萄要在冰冻状态下立刻进行轻微压榨，将浓缩的葡萄汁压榨出来。由于葡萄保留在树枝上的时间长，葡萄缩水、自然损耗大等，出汁率极低，只有20%左右。在压榨过程中，外界温度必须保持在－8℃以下。得到的浓缩葡萄汁较普通葡萄汁浓缩了10倍以上，甜度和风味是正常收获葡萄的2~3倍。冰葡萄汁含糖量为320~360g/L（以葡萄糖计），总酸为8.0~12.0g/L（以酒石酸计），添加80mg/L的SO_2可防止葡萄汁被空气氧化。

（3）低温发酵　葡萄压榨取汁后，要尽快入罐发酵（12h内）。首先浓缩汁要进行回温处理，使其温度保持在10℃左右，按20mg/L的浓度添加果胶酶澄清葡萄汁，然后向澄清葡萄汁中接入酵母，进行低温发酵，控制发酵温度在10~12℃。发酵周期一般需要50~60d，有时甚至需要70d以上才能发酵完成。控温缓慢发酵是冰酒生产的一个关键环节，不同发酵温度下冰酒的品质有显著的差异。温度过低（＜5℃）时，酵母菌活性受到很大抑制，发酵不完全，所得的产品糖度高、酸度高、酒度低、酒体不协调；当发酵温度＞20℃时，酵母代谢活动旺盛，发酵原酒的酒度和挥发酸含量明显增加，总糖含量减少，削弱了冰葡萄酒甜润醇厚的典型性。冰酒必须在冰封季节完成全部酿造过程。当酒度达到9%~13%时，采用低温或添加SO_2等适当的方法终止发酵并进入陈酿。

4. 原酒的后处理

发酵所得的原酒需经3~6个月低温储存，才能使其缓慢成熟。陈酿后的原酒通过添加皂土、果胶酶等进行澄清处理，同时调整冰酒中游离 SO_2 的浓度至 $40\sim50mg/L$。进行冷稳定处理、过滤除菌和无菌灌装后，制得成品冰葡萄酒。

优质的冰葡萄酒应具有如下特点：

(1) 冰白酒呈现深金黄色；冰红酒呈现鲜艳的酒红色，清亮透明。

(2) 果香浓郁，丰满醇厚，甜润爽口。

5. 小结

冰酒是将葡萄延迟采收，使其在 $-7℃$ 以下自然结冰和风干，将得到的浓缩葡萄汁在低温条件下发酵得到的一种甜型葡萄酒。冰酒的采收需要有天然的条件，世界上只有少数国家的部分地区具有这样得天独厚的气候条件。

冰酒的采收时机是决定冰酒质量的关键因素，采摘温度过高和过低都影响冰酒的风格。理想的采摘温度是 $-13\sim-7℃$，在此温度下采摘、破碎的葡萄原料含糖量一般在 $300g/L$ 以上（以葡萄糖计），酸度在 $8.0\sim12.0g/L$（以酒石酸计）。冰酒的发酵温度一般不超过 $20℃$。因葡萄汁中含糖量过高，所以发酵周期较长，一般要数周左右。当酒度达到 $9\%\sim13\%$ 时就要终止发酵，对原酒进行澄清、过滤、低温储存、调整 SO_2 浓度等操作，最后经过无菌灌装得到成品冰酒。

三、其他类型甜葡萄酒

还有一类甜酒，其甜度的提高不是提高未发酵葡萄汁的糖含量，而是先将酒发酵成干型，通过在灌装前向酒中添加天然葡萄汁或浓缩葡萄汁（$68\sim72°Bx$）的方法来调节酒的含糖量。这种方法可以更精确地控制酒的含糖量，操作更方便，没有酒在大罐中储存再发酵的风险，但酒的质量稍有逊色。

另外，甜型的加强葡萄酒，如波特酒、甜型雪利酒、天然甜型葡萄酒也属于甜型酒的一类。

第八章

白兰地的酿造工艺

白兰地是一种蒸馏酒，它是以水果为原料经过破碎、发酵、蒸馏、调配而成的，是水果经过发酵后还需要蒸馏才能得到的高度酒，跟葡萄酒酿造方法不一样。以葡萄为原料酿制的葡萄酒可以直接称为白兰地；而以其他水果（如苹果、李子、樱桃）为原料时酿造的酒要冠以水果名，如苹果白兰地、樱桃白兰地等。

第一节　白兰地的定义

一、欧盟白兰地标准

欧盟标准（Reglement CEE No. 1576/89）对葡萄白兰地的定义是：葡萄白兰地（Eau-de vie de vin）是由葡萄酒或加乙醇中止发酵的葡萄酒蒸馏至酒度不超过86%（体积分数），或由葡萄酒馏出液蒸馏至酒度不超过86%（体积分数）的高酒度饮料。其除乙醇和甲醇以外的挥发物总量不低于1.25g/L（以纯乙醇计），其甲醇的含量不高于2g/L（以纯乙醇计）。

法国的科涅克白兰地和雅马邑白兰地是世界上最著名的两种白兰地，以地区命名。

科涅克白兰地又称作干邑白兰地，只在法国夏朗德省（Charente）和滨海夏朗德省（Charente Maritime）生产。其主要酿造品种是白玉霓（Ugni Blanc）和白福尔（Folle Blanche），另外还有鸽笼白（Colombard）和100T（Ugni Blanc与Jurancon的杂交品种）。白玉霓的抗灰霉菌能力较强，目前已大面积取代白福尔。干邑白兰地原酒酸度较高，与酒脚一起储存、蒸馏。白兰地的蒸馏在苹果酸-乳酸发酵结束后分两次进行。第一次蒸馏酒度达到20%~30%（体积分数），第二次蒸馏酒度必须达到70%~72%（体积分数），蒸馏方式为壶式蒸馏。干邑白兰地是在法国利木赞地区生产的橡木桶中进行陈酿，时间长达15~50年，成品干邑白兰地的酒度为40%（体积分数）。

雅马邑白兰地产自法国西南部的热尔省大部、朗德省及洛特-加龙省的部分地区，主要酿造品种是白玉霓、白福尔、鸽笼白以及巴柯22A。雅马邑白兰地的原酒酒度一般在10%（体积分数）以下，葡萄原酒用铜质的半连续蒸馏设备蒸馏，采用一次蒸馏，速度很慢，白兰地酒度为58%~63%（体积分数），之后在橡木桶中陈酿5~8年，优质产品达到30年以上，成品雅马邑白兰地的酒度为40%~42%（体积分数）。

二、美国白兰地标准

美国标准对白兰地的定义与欧盟略有不同,对白兰地进行如下规定(B. A. T. E.,1987 年):

(1)白兰地是由发酵的果汁、果浆、果酒及其残渣经过蒸馏得到酒度不超过 95%(体积分数)的原酒产品,再经过调配得到酒度大于等于 40%(体积分数)的瓶装白兰地;

(2)用其他水果得到的相关产品要在白兰地一词前标明相应的水果名称;

(3)白兰地陈酿时间不到 2 年的应注明"未成熟";

(4)皮渣白兰地是由水果皮渣蒸馏得到的,需在皮渣白兰地一词前加上相应的水果名称(如葡萄皮渣白兰地);

(5)中性白兰地为酒度高于 85%(体积分数)的白兰地,它同样要标明相应水果名称(如中性葡萄白兰地);

(6)挥发酸含量高于 0.2g/L(20℃,以乙酸计),或由变质发霉的发酵汁、果浆、果酒蒸馏获得的白兰地均为劣质白兰地,称作低标准白兰地。

三、我国白兰地标准

我国对白兰地有明确的国家标准,在 GB 11856—2008 中对白兰地的定义是:白兰地是以葡萄为原料,经发酵、蒸馏、橡木桶储存陈酿调配而成的酒度(20℃时)为 38%~44%(体积分数)的葡萄蒸馏酒。白兰地的酒龄是指白兰地原酒在橡木桶中储存的年龄,可以分为 4 个等级。

特级:酒龄最低 6 年,定义为"XO"级。

优级:酒龄最低 4 年,定义为"VSOP"级。

一级:酒龄最低 3 年,定义为"VO"级。

二级:酒龄最低 2 年,定义为"三星(包括 VS)"级。

目前我国著名的白兰地生产公司是烟台张裕葡萄酒有限公司,该公司生产的白兰地在 1915 年获得了巴拿马赛会金质奖章。

四、白兰地主要成分

白兰地是经过蒸馏获得的高酒度饮料,因此其主要成分是水和乙醇,通常白兰地中水分占 55%~60%(体积分数),乙醇占 40%~45%(体积分数),糖类占 10g/L。此外,白兰地中还含有多种其他挥发性物质,如高级醇、有机酸类、酯类和醛类物质,虽所占的比例不足 1%,但对白兰地的质量起重要作用。在这些微量的挥发性物质中,高级醇、乙酯、脂肪酸和乙醛沸点较低,大部分在蒸馏前期被馏出,主要存在于酒头中。

高级醇包括丙醇、异丁醇、丁醇等,与乙醇同时出现在酵母菌的发酵过程中,这些高级醇与脂肪酸反应形成相应的酯类物质,可以使白兰地具有特殊的香气。不同碳链数对应的乙酯在陈酿过程中不断水解和氧化,是形成白兰地陈酿香气的主要原因。脂肪酸的铜盐会使白兰地带有棕绿色。乙醛和乙酸乙酯具有过氧化味和青铜味,会严重影响白兰地的风味。因此为了保证白兰地的质量,在蒸馏开始阶段应去除富含这些成分的酒头。

在蒸馏的后期可馏出 β-苯乙醇和乳酸乙酯。β-苯乙醇是由苯丙氨酸脱羧和脱氨形成的,在低浓度时具有玫瑰味。而乳酸乙酯可以提高芳香物质的香气,减弱不良风味,因此可通过延长接收酒身的时间提高其含量，改善白兰地的质量。

第二节 白兰地的酿造工艺流程

一、葡萄原酒的酿造

用于酿制白兰地的葡萄原料多为白色品种，这是因为白葡萄中单宁、挥发酸含量较低，总酸度较高，能够使蒸馏出的白兰地更为醇和、柔软。主要用于白兰地生产的葡萄原料有白玉霓、白福尔、鸽笼白、龙眼、佳丽酿等。原料中含糖量一般为 $130\sim180g/L$，总酸含量一般为 $7\sim10g/L$（以酒石酸计）。

白兰地产区要求气候温和，如法国科涅克地区年平均气温 $12.4℃$。对于葡萄原料的质量要求是无病、完好。病害不仅会降低葡萄的产量和含糖量，还会直接影响白兰地的质量。例如灰霉病，会使葡萄酒易于氧化，破坏香气组分，而且使白兰地带有怪味。

白兰地原酒的酿造工艺类似于白葡萄酒的酿造工艺，首先葡萄破碎要轻柔，取汁要及时，尽量减少操作工序，防止葡萄汁氧化。与传统白葡萄酒酿造工艺唯一不同的是在进行乙醇发酵时，一般不添加 SO_2，因为 SO_2 处理会延迟乙醇发酵，并且在后续的蒸馏操作中 SO_2 会进入白兰地中，降低白兰地的风味质量。乙醇发酵结束后（葡萄汁的密度 $<1.000g/mL$），将发酵罐添满，并在密封条件下储存至蒸馏。

葡萄原酒的质量要符合一定的标准才能进行蒸馏，如科涅克地区要求酒度在 $8.5\%\sim10\%$（体积分数），总酸为 $6.5\sim8.0g/L$（以 H_2SO_4 计）。在蒸馏前，要对原酒进行质量检测，包括感官鉴定、蒸馏鉴定、酒脚鉴定。

感官鉴定的目的是及时发现葡萄原酒是否具有明显的缺陷，以保证白兰地的质量。感官鉴定标准如表 8-1 所示。

表 8-1 白兰地葡萄原酒感官鉴定标准

指标	健康原酒	生病原酒
色	淡黄色，酒脚黄色，表面无膜	带栗色、灰色，黏稠，酒脚深栗色
香	发酵香，香气优雅、清淡，酒香明显	具有醋味、霉味
味	清爽、酸度高、具有果香味	平淡、酸度低、具有苦味、油腻

蒸馏鉴定是检测那些在葡萄原酒外观观察中不易观察，但会出现在白兰地中的气味，利用了两次蒸馏法。蒸馏鉴定的装置如图 8-1 所示。

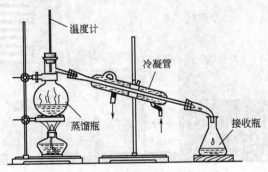

图 8-1 葡萄原酒蒸馏鉴定装置图

蒸馏鉴定的操作方法如下：

（1）取600mL葡萄原酒并加入15g铜屑，蒸馏45min，蒸馏液体积为200mL；

（2）将第一次蒸馏获得的200mL蒸馏液与铜屑一起进行第二次蒸馏，时间为15min，蒸馏出50mL液体。

酒脚鉴定的目的就是在蒸馏前去除劣质酒脚，以保证白兰地的质量。鉴定标准如下（Marcel，1984年）：

优质酒脚含有酵母（2g/L）、葡萄果肉碎屑、蛋白质、果胶、多糖、较细的酒石酸以及颗粒较细的悬浮物。

劣质酒脚则含有种子、果皮、果梗、叶片、枝条、泥沙以及所有不属于葡萄果粒的物质。

二、白兰地的蒸馏

白兰地原酒中含有的所有挥发性物质，包括水分、乙醇及其他芳香物质都是经过蒸馏的方式进入馏出液的。所以，白兰地不同于酒精的蒸馏，所需的酒度在60%～70%之间，并保持一定量的挥发性芳香成分。原酒中的挥发性物质的馏出顺序不仅与其沸点相关，还取决于它们与水分子的亲和能力及在馏出液中的溶解度。

白兰地的蒸馏方式有两种：夏朗德壶式蒸馏法和塔式蒸馏法。工业上普遍采用的是前者，只有大部分的雅马邑白兰地和一部分皮渣白兰地是用塔式蒸馏法而得到。本章主要介绍夏朗德壶式蒸馏法。

1.蒸馏器的构造

壶式蒸馏器是铜制的，这是因为铜对葡萄酒中的酸抗性良好，具有良好的导热性。而且，铜还可以和丁酸、癸酸、己酸、辛酸、月桂酸等形成不溶性铜盐，从而将这些具有不良风味的有机酸去除，提高白兰地的质量。夏朗德壶式蒸馏器的结构如图8-2所示，主要包括蒸馏锅、蒸馏器罩、酒预热器、冷凝器等。

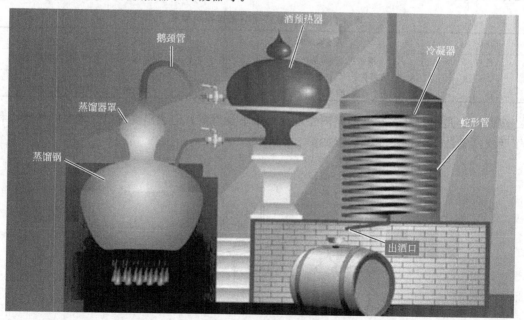

图 8-2　夏朗德壶式蒸馏器示意图

（1）蒸馏锅　蒸馏锅中放置要蒸馏的葡萄原酒，锅底与火苗直接接触。锅底的厚度与蒸馏锅的容积相关，如果容积大于1500L，则锅底的厚度不能小于12mm。锅底必须凸出，以便能将蒸馏锅完全倒干。

（2）蒸馏器罩　蒸馏器罩的作用是防止葡萄酒漫出蒸馏锅，其容积取决于蒸馏锅的容积。蒸馏器罩与冷凝器通过鹅颈管相连接，其连接处的表面积应尽量大，并以一定角度逐渐变小。

（3）酒预热器　酒预热器在整套蒸馏设备中不是必需的。其预热方式是将鹅颈管通过预热器，利用馏出物释放的热能将葡萄酒进行预热。预热温度一般控制在60～70℃，如果预热温度高于70℃则会导致酒的提前蒸发，影响白兰地的蒸馏操作。

（4）冷凝器　冷凝器由蛇形管及其外部的圆筒构成。乙醇蒸气从顶部进入冷凝器，圆筒内的水温从下往上逐渐升高，这样就能使蒸气在通过蛇形管时逐渐凝结。影响冷凝效果的因素主要有两个：圆筒的容积和蛇形管的表面积。

2. 蒸馏法

夏朗德壶式蒸馏法包括两次蒸馏：蒸馏葡萄原酒，得到低度酒；蒸馏低度酒，得到白兰地。蒸馏示意图如图8-3所示。

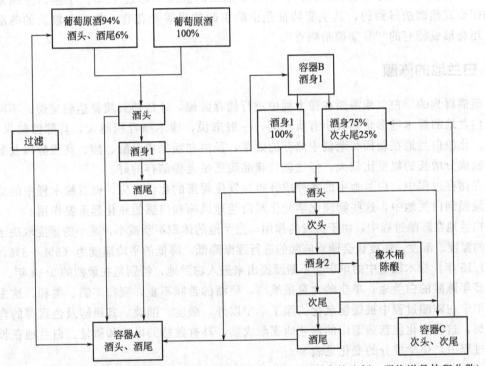

图8-3　夏朗德壶式蒸馏法示意图（图中的百分数是各部分酒所占的比例，严格说是体积分数）

（1）第一次蒸馏　第一次蒸馏是对葡萄原酒或含有94%葡萄原酒与6%酒头和酒尾的混合物进行蒸馏。最先出来的是酒头，通过管道送到容器A中；其次是酒身，被送往容器B，进行第二次蒸馏；酒尾则是最后的馏出物，主要含有高级醇、乙酸等，同样被送往容器A进行复蒸。第一次蒸馏时间一般持续12h。

（2）第二次蒸馏　第二次蒸馏是用第一次蒸馏的酒身或次头尾的混合物进行蒸馏，以获得白兰地。这次蒸馏可以将馏出物分为酒头、次头、酒身、次尾、酒尾五个部分，蒸馏一般也持续 12h。将第二次蒸出的酒身装入橡木桶中进行陈酿。当酒度降至 1%～8%（体积分数）时，停止取酒身。停止取酒身的时间，取决于酒身所要求的酒度和葡萄原酒的酒度，如表 8-2 所示。

表 8-2　酒身停止时的酒度

葡萄原酒酒度	酒身要求酒度（体积分数）/%						
	31	30	29	28	27	26	25
10	4.4	3.6	2.9	2.3	1.7	1.2	
9.5	5.3	4.3	3.6	2.9	2.2	1.6	1.1
9	6.2	5.2	4.3	3.5	2.8	2.1	1.6
8.5	7.2	6.1	5.2	4.3	3.5	2.7	2.0
8		7.2	6.2	5.2	4.3	3.4	2.7
7.5			7.4	6.2	5.2	4.3	3.5
7				7.5	6.3	5.3	4.4
6.5					7.6	6.4	5.4
6						7.9	6.6

为了防止白兰地芳香物质的挥发，酒身 2 馏出的温度不超过 18℃。干邑白兰地是采用夏朗德壶式蒸馏法得到的，其主要特征是由酯引起的果香和花香，并且在较长的陈酿过程中，还会形成特有的"夏朗德哈喇香"。

三、白兰地的陈酿

蒸馏得到的原白兰地需要在橡木桶中进行储存陈酿，才能使其质量达到完美。不同国家储存白兰地的橡木桶形状和大小有所不同，一般来说，橡木桶容积越大，其陈酿效果越差。同时，比较白兰地在新桶和老桶中储存的效果，虽然在新桶中总酸、酯、高级醇以及醛等各种单独成分增长的幅度比较大，但比较口味品质还是老桶储存的好。

在储存过程中，白兰地中的各种成分将会发生缓慢的化学反应，而且橡木桶中的成分也会被浸提到白兰地中，这些物理化学变化对白兰地风味和口感的熟化起重要作用。

白兰地在陈酿过程中，由于蒸发的作用，白兰地的体积不断减小，减小的幅度取决于储藏库中的温度、湿度。酒度也会随着陈酿的进行逐渐降低，降低的平均速度为（6%～8%，体积分数）/15 年。橡木桶壁中的单宁会不断浸提出来进入白兰地，特别是在最初的 3～4 年。

多年陈酿的白兰地，单宁的含量虽然高，但酒的苦味不重，变得丰满、柔和，这主要是因为单宁在陈酿过程中被缓慢氧化。除了单宁以外，酸度、酯类、高级醇及色素等的含量也会增加，这些变化使新蒸馏出的白兰地逐渐成熟，具有独特的风味和质量。白兰地在长期的储存过程中，化学成分的变化见表 8-3。

表 8-3　原白兰地在陈酿过程中化学成分的变化

酒龄/年	酒度（体积分数）/%	醛/(mg/L)	缩醛/(mg/L)	挥发酸/(mg/L)	滴定酸/(mg/L)	高级醇/(mg/L)	灰分/(mg/L)	总单宁/(mg/L)	多酚/(mg/L)	糠醛/(mg/L)	浸出物/(mg/L)
46	56.2	140	74	840	2510	2500	188	360.9	65.7	4.4	18.6
34	59.2	138	74	830	2340	—	174	374.9	63.6	2.9	14.6
31	59.5	130	72	820	2110	2600	112	403	62.1	2.8	11.3
12	65.2	110	83	790	1830	2200	74	294.6	60.7	3.8	6.3
11	63.5	127	99	790	1480	2000	—	203.5	46.2	2.9	3.7

酒龄 /年	酒度(体积 分数)/%	醛 /(mg/L)	缩醛 /(mg/L)	挥发酸 /(mg/L)	滴定酸 /(mg/L)	高级醇 /(mg/L)	灰分 /(mg/L)	总单宁 /(mg/L)	多酚 /(mg/L)	糠醛 /(mg/L)	浸出物 /(mg/L)
9	64.0	108	56	580	1680	1800	72	189.5	54.6	2.7	3.3
7	68.4	143	76	530	1050	1700	70	149.5	54.6	2.16	2.5
3	65.5	87	62	370	570	1400	54	96.2	54.6	2.16	2.5
1	66.2	55	12	680	800	1300	34	120.3	45.9	1.12	2.4

四、装瓶前的处理

经陈酿后的白兰地在装瓶前需要进行一系列的处理，包括过滤、分析、调配等。

过滤的目的主要是去除一些高级脂肪酸乙酯，随着陈酿时间的延长，酒度降低，这些乙酯的溶解度下降，容易产生沉淀，需要经过冷冻处理将其去除。

对于白兰地的调配主要涉及酒度的降低、含糖量的提高、色度的提高。降低白兰地的酒度应采用逐渐降低的方法，不能直接加水至期望的酒度。即用蒸馏水将白兰地稀释到 27%（体积分数），储存一段时间后再加入到高酒度白兰地中，应分次进行，每次酒度降低幅度为 8%～9%（体积分数）。加入糖浆以提高白兰地的含糖量，糖浆一般用 40%（体积分数）的白兰地溶解 30%（体积分数）的甘蔗糖而获得。如果白兰地的色度不够，还应加入糖色来提高白兰地的色度。

另外，在白兰地生产中，勾兑也是获得高质量白兰地的关键，有不同品种原白兰地的勾兑、不同木桶储存的原白兰地的勾兑、不同酒龄原白兰地的勾兑等勾兑方法。

小　结

白兰地是一种蒸馏酒，是通过对不同水果发酵得到的原酒进行蒸馏、陈酿、调配得到的高酒度饮料，可分为葡萄白兰地和水果白兰地两大类。对于葡萄白兰地，可直接称为白兰地。

生产白兰地的葡萄品种主要是白色葡萄品种，包括白玉霓、白福尔、鸽笼白、佳丽酿等。原料的潜在酒度不需过高，一般在 8%～10%（体积分数）。但要求酸度较高，一般要达到 4～8g/L。

白兰地的蒸馏方式主要有壶式蒸馏和塔式蒸馏，馏出物的酒度要在 86%（体积分数）以上，挥发物含量应在 1.2g/L 以上。

新得到的白兰地应至少在橡木桶中陈酿 1 年以上，在陈酿过程中，酒度、单宁、酸度、高级醇、酯类等物质会发生变化，这主要是氧化现象引起的。陈酿后的白兰地要进行最后的调配和勾兑，才能得到成品白兰地。

第九章

葡萄酒的陈酿与管理

新酿造的葡萄酒口味粗糙,需经过一个时期陈酿,经过一系列物理、化学和生物变化,以保持葡萄酒的果香,使酒体醇厚完整并提高酒的稳定性,达到最佳饮用质量,此过程即为葡萄酒的成熟过程。但随着时间的延长又进入衰老期,酒质慢慢下降,甚至变质。

第一节 陈酿设备

一、储酒车间

葡萄酒储存地点的选择应根据产品的工艺和质量的要求,并结合当地气候、土壤、地下水位等因素决定。陈酿已从传统的地下酒窖向半地上、地上储酒车间发展。相对于地下酒窖,地上储酒车间易受季节气候变化影响,但可采取一定措施来调节储酒车间的温度和湿度,具体要求如下。

温度:一般为 8～18℃。较低温度下酒的氧化过程迟缓,成熟缓慢。若20℃以上高温储存,酒成熟过快,酒体粗糙,还可能会使酒受热膨胀而溢出,易染菌。

湿度:以 60%～75%为宜。若室内空气干燥,会加剧酒的氧化;空气潮湿时易引起霉菌繁殖,产生霉味。

通风:室内应有通风设备,保持室内空气清洁、新鲜。

二、储酒容器

葡萄酒陈酿一般采用不锈钢储酒罐或者橡木桶,任何情况下,陈酿方式必须与葡萄酒的种类、风格和品质相协调。

1. 不锈钢储酒罐陈酿

由于橡木桶容积较小,价格昂贵,只有高端的葡萄酒才会使用。一般的葡萄酒则可利用体积较大、价格便宜并且可以一直使用的不锈钢储酒罐。不锈钢储酒罐用来陈酿时应当注意以下几点。

(1)用来制作储酒罐的不锈钢要选择合适的优质不锈钢。实践生产中,304 不锈钢在用来长时间储酒的时候不会生锈,316 或者 316L 不锈钢制作的储酒罐质量更好。

（2）满罐储藏。在利用不锈钢储酒罐陈酿的过程中应注意满罐保存，储酒液面应在罐脖的 1/3～1/2 处，随季节变化添加或取出酒液。酒液满罐可以有效地避免氧化，并且可以保护储酒罐。

（3）若陈酿过程不能保持储酒罐满罐，应漂硫盆（可在瓶脖口液面上放漂并装有 SO_2 的瓶盖或牛津杯）并充入氮气或者二氧化碳对上部空间进行隔氧。但如此做法不能长时间保证酒的品质，所以满罐是最有效的手段。

（4）储酒罐应定期检查，因为液面上部若出现少量空隙也会造成上部液体氧化，进而产生白色菌膜，所以应当定期将菌膜处理掉。

不锈钢储酒罐是近代发展的一种储酒容器，可以用来陈酿干红葡萄酒和干白葡萄酒，具有容量大、坚固耐用、密封条件好、易清洗和成本低等优点。不锈钢储酒罐用来陈酿葡萄酒在一定时间内也能够对葡萄酒产生良好的作用，但不能够给葡萄酒带来较多风味，并且也不会对葡萄酒的陈年潜力有促进作用。

2. 橡木桶陈酿

（1）橡木桶的类型与结构　在优质红葡萄酒、甜葡萄酒以及部分白葡萄酒的陈酿过程中，橡木桶得到了广泛的使用。制作橡木桶的主要橡木类型有美国橡木、法国橡木以及来自欧洲其他国家的橡木。

桶型有波尔多型、勃艮第型、雪利型等，容量则有 30L、100L、225L、300L、500L，甚至几千升不等，其结构如图 9-1 所示。选择橡木桶型号时主要需要考虑操作的方便性和比表面积，用每单位体积的表面积（用平方厘米来表示的每升容量的接触表面积）来衡量橡木桶陈酿能力和浸润面积的多少。多数情况下，人们通常选用 225L 波尔多型的橡木桶。这种橡木桶不仅有合适的比表面积及容积比，而且移动操作和清洗等都很方便。

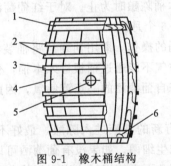

图 9-1　橡木桶结构
1—头箍；2—颈箍；3—腰箍；4—桶帮；5—桶口；6—桶底

葡萄酒在橡木桶中储存是为了萃取橡木中的芳香物质、单宁酸等有效成分，获得香草、可可、咖啡等怡人香气。不同的橡木桶可提取的有效成分是不一样的，这主要取决于橡木桶制作工艺中"焙烤"的工艺。如果焙烤程度不同，储存出来的同种葡萄酒的风味也会有较大差异。一般来说，轻度和中度焙烤的橡木，会赋予葡萄酒一种鲜面包的焦香味，而过度焙烤的橡木会使在其中陈酿的葡萄酒产生一种像柴油一样的味。

（2）橡木桶对葡萄酒感官质量的影响

① 对稳定澄清的影响　在橡木桶陈酿期，果胶、蛋白质等杂质沉淀、酒石酸盐析出，有利于自然澄清。橡木桶的木桶壁具有通透性，有利于 CO_2 气体的去除。

② 对味感和颜色的影响　橡木桶壁的通透性可使氧气低含量但连续进入桶内，葡萄酒在桶内进行缓慢的氧化，发生的一系列反应可以稳定色素，软化单宁，使葡萄酒的颜色

变暗。

另外，橡木桶的成分（例如多糖、橡木内酯、香草醛等）可以赋予葡萄酒丰满的口感以及独特的香气。

（3）橡木桶陈酿方法　制作橡木桶的木质是多孔物质，可以发生气体交换和蒸发现象。酒在桶中缓慢氧化渐渐成熟，赋予柔细醇厚的口感。同时，橡木桶可以视为一种高雅的添加剂，不仅可以提高葡萄酒的陈年潜力，也可以给葡萄酒带来很多风味物质。但橡木桶造价较高，对储酒室要求高，管理麻烦。

利用橡木桶陈酿的方法如下。

① 了解橡木桶性质，购买时应确定要陈酿什么类型的葡萄酒。超细纹理不焙烤或者轻度焙烤的橡木桶，或者旧橡木桶可以用来陈酿干白，细纹理中度焙烤的橡木桶可以用来陈酿酒体中度的干红，而酒体厚重的干红往往需要重度焙烤的橡木桶陈酿。

② 橡木桶首先应当用 60mg/L 的二氧化硫水浸泡，观察其是否漏液。如果橡木桶是由于干燥而产生的漏液，在水泡几天之后漏液现象会消失；如果是制桶时疏忽造成大量漏液并且不能自动修复的，则需要返厂维修。

③ 将所需陈酿的葡萄酒加入到橡木桶，直到满桶，用橡皮锤捶打，将附在木桶内表面的气泡逐出，用桶塞塞紧。利用橡木桶储存的葡萄酒会通过桶板缓慢挥发，使体积减小。传统上利用与橡木桶内相同的葡萄酒定期进行添桶。

如果是进行完苹果酸-乳酸发酵的葡萄酒，只要每周将酒桶填满即可，酿酒师根据葡萄酒的口感决定什么时候停止陈酿。如果葡萄酒还没有进行苹果酸-乳酸发酵，则不仅需要每周添桶，而且还要监测苹果酸-乳酸发酵的过程，如果苹果酸-乳酸发酵结束，则需要使用二氧化硫终止发酵，待两周后需要进行倒桶，将桶底的死酵母、酒脚等去除。然后每周进行添桶，直到酿酒师认为不需要橡木桶陈酿时为止。对于红葡萄酒，在橡木桶中储存时间一般为12~18 个月，而白葡萄酒为 2~6 个月。

有一种方法可减少频繁添桶的操作，即用葡萄酒将桶装满后，使桶塞与垂直方向有 60°左右夹角。如果桶密封良好，空气不能通过桶板进入木桶，葡萄酒体积减小，在其上方留下空间内的主要是水蒸气，只有来自葡萄酒的一点溶解氧，因此葡萄酒也不易发生氧化，是一种有效且可靠的陈酿方法。

④ 橡木桶使用结束后最好有新的酒液进入陈酿，最好不要空置，否则橡木桶不仅会因为干燥产生裂纹，其内部也会滋生细菌。如果没有葡萄酒可以陈酿，则必须用 60mg/L 的二氧化硫进行浸泡，直到下次使用，下次使用时应当利用热蒸汽进行杀菌。

每个橡木桶的使用时间大概在 3~4 年，之后就不能为葡萄酒提供风味物质，只能当作容器使用。所以，橡木桶陈酿的葡萄酒会有一定成本上的提升。为了降低成本，可以使用橡木碎片来获得橡木风味。加入比例由碎片的表面积、葡萄酒的类型以及所期望的橡木味浓度确定。通常在发酵期间加入，加入比例为 1~10g/L。

3. 瓶储陈酿

瓶储是指酒装瓶后贴标至装箱出厂的一段时间。为了完成全部陈酿过程，葡萄酒在经过不锈钢储酒罐陈酿或者橡木桶陈酿之后还需要进行瓶储，使葡萄酒在瓶内陈化。好的葡萄酒都需要在瓶内存放一定的时间才能销售。

葡萄酒在瓶中陈酿是一个融合过程，在无氧或低氧状态下进行，葡萄酒的香味为还原型时产生愉快的香味，显示出特有风格。因此装瓶软木塞必须紧密，瓶中顶空体积不能过大，否则会导致产生氧化作用。同时，酒瓶应卧放，木塞浸入酒中起到改善风味的作用。

瓶储的时间因酒的品种、酒质要求不同而有所不同，最少4～6个月，适合陈酿的酒甚至可达数年。

第二节　葡萄酒陈酿期的变化

一、物理变化

（1）酒石酸在葡萄酒中以饱和酒石酸氢钾状态存在，随着陈酿逐渐析出。

（2）储存初期，由于一部分酵母自溶，缬氨酸、亮氨酸、酰胺等均有增加，倒酒、澄清后其含量会减少。

（3）在陈酿过程中葡萄酒中果胶、蛋白质等杂质沉淀，使酒液更加澄清透明。

二、化学变化

葡萄酒在陈酿过程中会发生一系列化学变化，如氧化、酯化、聚合反应等。香气、酒度、口感、颜色等葡萄酒的感官品质会出现显著变化。

1. 氧化反应

葡萄酒在陈酿过程中，氧气对于葡萄酒所发生的许多变化都是必不可少的。氧气可以通过橡木桶壁或者是分离、换桶等的操作与酒液接触，一般来说，酒液中氧气含量受酒度和温度的影响而不同：温度高，氧气含量低；酒度高，氧气含量高。氧气在进入葡萄酒中后会迅速与葡萄酒的各种成分结合，形成结合态氧。能够被氧气氧化的物质有酒石酸、单宁、花色苷、乙醇。

在有微量铁和铜存在的条件下，酒石酸会被氧气氧化成草酰乙醇酸，这是形成醇香的重要物质。但如果氧气过量，则草酰乙醇酸将会继续被氧化成草酸，影响葡萄酒的醇香形成。

单宁和花色苷在陈酿过程中会缓慢氧化，并且单宁还可以与蛋白质、多糖、花色苷、酒石酸聚合。对于红葡萄酒来说，颜色从紫红色逐渐变成砖红色；对于白葡萄酒来说，颜色则会变成金黄色。除了颜色发生变化外，葡萄原酒的苦涩和粗糙感也会逐渐改善。

乙醇可以在高浓度氧气下氧化成乙醛，这对于白葡萄酒的质量影响巨大，会使葡萄酒出现氧化味。一般在装瓶前添加 $20～30mg/L$ 的二氧化硫，游离的 SO_2 能够与乙醛化合生成稳定的乙醛亚硫酸，显著降低葡萄酒氧化味。

2. 酯化

葡萄酒中的乙醇与有机酸会在发酵过程中发生酯化反应，形成具有特殊香气的中性酯类物质，如乙酸乙酯、乳酸乙酯等。而在陈酿过程中酯化反应仍在缓慢进行，生成酒石酸、苹果酸、柠檬酸等的中性酯和酸性酯。酯化反应主要在储藏的前两年进行，以后就变得缓慢了。

酯类物质对于葡萄酒果香和酒香的形成是非常重要的，但对于醇香并不起作用。研究发现，醇香的形成与果皮中的芳香物质及葡萄酒的氧化还原电位变化有关。葡萄酒的氧化还原电位在溶氧消失后逐渐达到最低值，此时，浓郁的醇香则出现。另外，一定浓度的二氧化硫及微量的铜离子也会促进醇香的形成。葡萄酒装瓶后，醇香会在完全无氧的条件下进一步产生。

3. 单宁和色素的变化

在葡萄酒成熟过程中，单宁可与花色苷聚合使颜色稳定，不随葡萄酒 pH 的变化而变化。另外，单宁还可与蛋白质、多糖聚合，改良葡萄酒的感官品质。

花色苷也可与酒石酸形成复合物，导致酒石酸沉淀；与蛋白质、多糖聚合形成复合胶体，导致在储酒容器中形成色素沉淀。

因此，对于非陈酿型葡萄酒，如桃红葡萄酒、白葡萄酒陈酿时间不需太长。但对于富含单宁的干红葡萄酒来说，长时间的陈酿对于酒质的改善至关重要，因为在陈酿过程中，香气会发生变化，最初的果香、酒香会逐渐下降，取而代之的是醇香，并逐渐加强。葡萄酒的颜色在陈酿过程中也会发生变化，新发酵得到的原酒颜色为紫红色，随着陈酿时间的延长，酒色逐渐变为砖红色，这是单宁和花色苷被氧化的结果。

三、生物变化

葡萄酒陈酿过程中，可能引起杂菌污染。若被醋酸菌污染，造成挥发酸升高；若被酵母、霉菌污染，导致酒二次发酵，造成酒质低劣。

另外，在陈酿过程中，酿酒酵母会发生自溶，释放一些氨基酸。

第三节　陈酿期的管理

一、控制卫生条件

酒厂的卫生要符合国家规定的卫生规范。保持容器、设备干净。用过的设备、容器和管道不能残留葡萄酒，用完后清洗干净，定期擦洗、消毒和灭菌。地面、墙壁以及死角都会藏有细菌，污染葡萄酒，因此应保持这些地方洁净，并定期熏硫杀菌。

二、储存过程常规检验

1. 化学检验

在储存过程中，白葡萄酒中的游离 SO_2 控制在 $30\sim40mg/L$，红葡萄酒中的游离 SO_2 控制在 $25\sim35mg/L$，随着时间的推移，游离二氧化硫也会逐渐减少。因此为了保证葡萄酒的正常储存条件，应定期检测游离 SO_2 含量，不足时必须补充。

另外，每月对葡萄酒进行检测分析，主要项目有总酸、挥发酸、游离二氧化硫、总二氧化硫、pH 等，保证主要理化指标达到要求。

2. 感官检验

倒酒时品评色泽、香气、口感以及透明度。若出现问题，应及时进行加热、杀菌等处理。

3. 满罐储存

满罐储存是防止原酒污染及微生物感染的重要措施之一。要注意季节的变化，及时进行添酒或取酒，确保满罐储存。

添加的葡萄酒，应选择同品种、同酒龄、同质量的健康酒。若为同质的酒，只能用老酒添新酒，添酒后及时调整 SO_2。

4. 环境温度的控制

储酒温度应控制在 8～18℃（白葡萄酒最适宜的温度为 11～13℃，红葡萄酒最适宜温度为 13～15℃），最重要的是尽量保持恒定，避免温差变化过大。

5. 充气隔氧

空罐在进酒前可以先充氮气或二氧化碳，将罐底的空气排除出来，然后再从酒罐侧阀进酒，避免空气中的氧气过多进入到酒液中。同时，入罐的酒要及时按要求添加二氧化硫，用氮气或二氧化碳封罐，避免酒与空气中的氧气接触，防止氧化和细菌繁殖。

6. 倒罐澄清

倒罐就是将葡萄酒从一个罐倒到另一个罐中的一种操作，目的是分离葡萄酒中的沉淀物。在葡萄酒陈酿过程中，酒中胶体物质、酒石酸盐等物质逐渐沉淀在罐底，可以通过倒罐的方式将沉淀去除。

倒罐分为开放式倒罐、半开放式倒罐和密闭倒罐。开放式倒罐一般在发酵结束后的新酒第一次倒罐时进行，使酒与空气接触，氧化单宁、色素等物质，加速酒的氧化，利于成熟。以后倒罐时应采取密闭倒罐，避免酒与空气接触。

倒罐应选择在春季或冬季、晴朗、气压高、干燥而冷的天气倒罐。气压低的天气倒罐会使酒中二氧化碳放出，使酒变浑。若气温较高，倒罐时化学反应加剧，易发生氧化。另外，刮风天气不宜倒罐，因为刮风会加速空气流通，酒易被污染。

倒罐的次数取决于葡萄酒的品种、质量和成分。一般储存初期倒罐次数多，随着储存期的延长而减少。

三、葡萄酒陈酿时间

刚刚发酵结束后的原酒酒体粗糙，未达到饮用质量，其酸度、乙醇、酚类物质等都未达到完美的平衡，而陈酿的过程实际上就是上述物质的平衡过程。不同酿酒品种、不同酒种以及不同酿造工艺都影响或决定成熟过程的时间长短。

白葡萄酒储存的最佳期较短，以保持其果香和爽净的口感。干白陈酿期一般为 6～10 个月。红葡萄酒由于单宁和色素物质含量较高，适合较长时间陈酿，一般为 12～24 个月，使酒口味醇和，酒香浓郁。

第十章

葡萄酒的稳定与澄清

葡萄酒中的成分复杂，葡萄酒的颜色、澄清度、香气、口感等随时间而不断变化。正常的情况下，这些变化是缓慢的，不同的葡萄酒会有自己的变化过程，同时也带来了一定的不稳定因素。但是如果在生产过程中处理不当或者长期处于不良的储藏环境中，葡萄酒就会出现浑浊、沉淀、失色、失光、变酸等不稳定现象，影响葡萄酒的品质。例如，如果瓶内葡萄酒浑浊不清或瓶底有沉淀物，那么作为一般的消费者则不管葡萄酒的味道如何，其质量是否真的有问题，都会认为这瓶葡萄酒一定变质了。即便作为一名专业的葡萄酒酿造师或是品酒师，在品评类似的葡萄酒时，给出的感官分数也不会高。因此，红葡萄酒仅仅具有良好的味道或风味是不够的，还必须具有良好的澄清度。虽然某些沉淀并不影响红葡萄酒的感官质量（例如：酒石酸氢钾、酒石酸钙沉淀和色素沉淀），但不论从经营或是专业品评的角度来看，必须将之除去或防止其形成，以满足顾客的要求。葡萄酒的澄清度和稳定性是世界性的研究项目，是影响葡萄酒质量的重要标志，是红葡萄酒生产中的关键控制环节。因此，了解造成葡萄酒不稳定的因素，采取合理有效的预防和处理措施，提高葡萄酒产品的稳定性，保证其良好的外在质量和内在品质，成为葡萄酒工艺中必须解决的重要技术问题。

第一节　葡萄酒胶体体系

葡萄酒是一种化学成分极其复杂的液体，也是高度分散的热力学不稳定体系。葡萄酒的主要成分是水和乙醇，我们可以看作是以乙醇和水为分散介质的分散体系。其中一部分成分，如无机离子、有机酸等以真溶液的形式存在（离子半径 $r \leqslant 10^{-9}$ m），这种分散体系是均相的热力学稳定体系。另外还含有单宁、色素、蛋白质、多糖、树胶、果胶质以及金属复合物等，以胶体的形式存在（粒子直径 $1 \sim 100$ nm），是高度分散的热力学不稳定体系。这些胶体物质颗粒体积比一般分子大，用超显微镜可以看到，它们能通过滤纸，不能通过半透膜，其中有些粒子容易自动聚集、变大而聚结沉淀，因此构成了葡萄酒的不稳定因素。这些胶体大分子主要来源于葡萄浆果、酵母、灰霉菌以及添加剂。

一、溶胶的动力学性质

分散相和分散介质（水）间有较强的亲和力的溶胶称为亲水溶胶，如蛋白质、明胶、果胶等。将此类化合物置于分散介质中时，由于亲和力的作用，这些物质的表面包围着一层溶剂分子。当分散相从分散介质中分离出来时，沉淀物也含有大量溶剂，是可逆、稳定的体系。分散相与分散介质（水）没有或只有很弱亲和力的溶胶为疏水溶胶，如铁、铝、铜等的氢氧化物溶胶。其中的粒子是由数目很大的小分子、原子或粒子聚集而成，分散相与介质间存在着相界面，具有较大的表面积和表面能，因此在热力学上是不稳定体系。此类胶体碰到微量电解质就会聚集产生不可逆的沉淀。

葡萄酒溶胶是一种高度分散的多相体系，具有很大的比表面积和表面自由能，在热力学上是不稳定的。所以，一般的溶胶易受外界干扰（加热及加进电解质等），长时间放置而发生聚沉。但是有一些溶胶，如制备得当，却又很稳定，其主要原因是胶体粒子的高度分散性而形成的动力学性质。

二、丁达尔效应

当一束光线透过胶体，从入射光的垂直方向可以观察到胶体里出现一条光亮的"通路"，这种现象叫丁达尔现象。这条光亮的"通路"是由于胶体粒子对光线散射形成的。在光的传播过程中，光线照射到葡萄酒胶体粒子（粒子直径 $1\sim100nm$）时，粒子小于入射光波长（$400\sim700nm$），发生光的散射，这时观察到的是光波环绕微粒而向其四周放射的光，称为散射光或乳光。利用丁达尔效应进行鉴别就是光的散射现象，或称乳光现象。而对于真溶液，虽然分子或离子更小，但因散射光的强度随散射粒子体积的减小而明显减弱，因此，真溶液对光的散射作用很微弱。当光束通过粗分散体系时，由于分散质的粒子大于入射光的波长，主要发生反射或折射现象，使体系呈现浑浊。利用丁达尔效应进行鉴别是区分胶体和溶液的一种常用物理方法。

三、布朗运动

在高倍显微镜下，液体分子不停地做无规则的运动，不断地随机撞击液体中的悬浮微粒。由于受到的来自各个方向的液体分子的撞击作用是不平衡的，引起了微粒的无规则的运动，即布朗（Brown）运动。一方面，液体分子的运动是永不停息的，所以液体分子对固体微粒的撞击也是永不停息的；另一方面，每个分子撞击时对小颗粒的冲力大小、方向都不相同，合力大小、方向随时改变，因而布朗运动是无规则的。做布朗运动的固体颗粒很小，肉眼是看不见的，必须在显微镜下才能看到，并且温度越高，布朗运动越明显。

四、扩散和渗透压

溶胶的粒子大于真溶液中的分子或离子，浓度又远低于稀溶液。但是胶体溶液与真溶液没有本质不同，溶胶也有稀溶液的一些性质，因此溶胶也可扩散和具有渗透压。溶胶的扩散作用是通过布朗运动等方式实现的，即胶粒能自发地从高浓度处向低浓度处扩散。利用这一性质，可以将电解质的离子从胶体溶液中分离出来，从而使胶体溶液得到净化，该方法称为透析。

五、胶体的电化学特性

胶体分散体系的比表面积大，表面能较高，易吸附溶液中的离子而带电。有些胶体物质（如蛋白质）还可以通过其表面的基团的电离而使其胶体在水相中带负电。葡萄酒的胶体性质与普通的溶胶性质相似，但葡萄酒分散相粒子的种类和粒子的大小却更为复杂，葡萄酒胶体分散系是一个高度分散的多相体系。同时，酒为酸性体系，pH 值在 2.8～3.6 之间，体系的酸碱度直接影响到胶粒的带电性。蛋白质分子在水中带负电，而在酒中带正电，单宁胶粒在低 pH 值条件下则带负电。根据带电胶粒与体系中其他带电离子的相互作用，胶粒在溶液中通常形成双电层结构。

当在胶体内加入电解质后，电解质电离的离子能将胶粒所带电荷中和，胶粒的溶剂化作用也随之消失或变薄，从而使溶胶聚沉。不同电解质使溶胶聚沉的能力，主要取决于与胶粒带相反电荷的离子电荷数，反粒子电荷数越高，聚沉能力越强。例如 $Na_3PO_4/Na_2SO_4/NaCl$ 对氢氧化铁的聚沉能力逐渐下降。加热增加了胶粒的运动速度，增加了胶粒相互碰撞的机会。加热还降低了胶粒对离子的吸附作用，减少了胶粒所带电荷，削弱了胶粒的溶剂化作用，因而使胶粒易于聚沉。

胶体具有丁达尔效应、布朗运动、扩散等物理特性，胶粒具有带电性，并且具有双电层结构。研究葡萄酒中胶体的稳定性，必须从多个方面考虑各种因素的综合效用。就葡萄酒的稳定性而言，大多数浑浊现象是胶体絮凝引起的，要使葡萄酒胶体絮凝，必须使胶体粒子发生两方面的变化：①吸附带相反电荷的粒子；②粒子相互吸附，增加粒子的质量。葡萄酒的下胶就是利用胶体的相互作用以澄清葡萄酒，实践中常用蛋白类、皂土类以及聚合物类物质作为下胶剂。

第二节　影响葡萄酒稳定的因素

影响葡萄酒稳定性的因素主要包括微生物因素、氧化还原因素和物理因素三大类。

一、微生物因素

众所周知，葡萄果皮上附着有大量的酵母、细菌、霉菌等微生物，一般破碎成果浆或分离出果汁后不用加人工酵母便可自行发酵。由于在果汁中有足量的有机酸，人工添加的二氧化硫和发酵产生的乙醇，能够抑制不良细菌和霉菌的作用。另外，人工添加的葡萄酒酵母一般比野生酵母、霉菌和细菌等微生物具有优越的耐酸性、耐二氧化硫和耐乙醇能力。在低温和清洁良好的环境中，一般不易导致细菌性破败，但是葡萄酒的微生物感染往往是致命的。

1. 细菌

葡萄酒细菌性破败曾经给欧洲葡萄酒工业造成危机。引起葡萄酒产生细菌性浑浊沉淀的微生物主要是醋酸菌和乳酸菌。在葡萄酒中，厌氧的乳酸菌或需氧的醋酸菌产生大量的乙酸。细菌来源的这种酸，再结合上其他分子，是影响感官缺陷的一个主要因素。

醋酸菌在酒表面生长繁殖，分泌黏液状物质，并形成灰色或玫瑰色的菌膜，分解乙醇产生乙酸和乙酸乙酯等酸败性成分，降低了葡萄酒的感官品质。醋酸菌是葡萄酒的大敌。醋酸菌生长在大量接触空气的时候，这时葡萄酒的酸度增加。在乙醇的参与下，醋酸菌会酯化乙酸，将乙酸转化成乙酸乙酯，这会对葡萄酒造成非常不愉快的气味和恶劣的感官印象。乙酸乙酯（150mg/L）比乙酸（750mg/L）的感官阈值低得多。醋酸菌在各种环境下都会生长，长期的生长会产生黏性物质，这被称为"醋母"。接触表面必须是平静的，因为搅拌会淹没细菌，从而抑制它们的有氧运动。

葡萄酒具有高乙醇浓度和低 pH 值，乳酸菌也可能会生长。在不含糖的葡萄酒中，最容易进行生物降解的分子是苹果酸。因此，相关现象表明，经过乳酸发酵后，乳酸细菌是增加的。由于柠檬酸的分解，会产生少量的挥发性酸，因此红葡萄酒和某些白葡萄酒的质量得到了提高。然而，相同的乳酸细菌可能会分解糖，这样导致的后果可能会很严重，特别是在糖浓度很高的葡萄酒中。这最常发生在乙醇发酵停止后，剩余的糖成分会暴露在乳酸细菌下。正是由于这个原因，酿造师十分小心，避免糖类被乳酸细菌发酵利用。侵害葡萄酒的乳酸菌往往不是单独的乳酸菌菌落，而是受到几种菌的共同作用，如产生乙酸和类似乙酰胺气味的以链状形态出现的长杆菌、产生黏液状物质和双乙酸与组胺的乳酸球菌、分解酸类物质的酒明串珠菌和使葡萄酒产生丙烯醛或没食子酸乙酯等苦味成分的粗杆菌。所以，受乳酸菌侵害的葡萄酒常呈现丝状浑浊、凝结或粉状沉淀、枯糊状败坏和容器底部出现黑色浓黏沉淀，并出现鼠臭味或酸菜味。

"浑浊"是极其稀少的细菌分解酒石酸引起的，酒石酸对葡萄酒的酸度、口味和老化能力有重要作用。受到影响的葡萄酒会失掉酸性，pH 值增加，颜色变成棕色，二氧化碳含量增加。这样的葡萄酒会有不愉快的乳酸气味且口感单调。细菌使酒的浑浊度增加，当酒围绕酒瓶旋转时，有时看起来酒是柔滑的并有闪亮点。

"脂肪"或脂肪变性会使葡萄酒变得有黏性和油性，特别是当葡萄酒装瓶时会表现得很明显。这种缺陷发生在白兰地生产中，因为它没有用硫处理，也可能发生在红葡萄酒或白葡萄酒的乳酸发酵阶段或者瓶储阶段。这并不是典型的腐败，因为酒的挥发性酸、香气和味道是不变的。脂肪与特定的细菌结合进行乳酸发酵合成 β-葡萄糖，这些多糖黏液围绕着菌体细胞把它们联系在一起，让葡萄酒看起来具有油性的外观。

2. 酵母

小汉逊酵母和粉状毕赤酵母能在葡萄酒表面生长，形成灰白色-暗黄色菌膜，消耗乙醇和甘油，产生令人不愉快的怪味（乙醛味）。这些生长在葡萄酒表面的白色菌落会影响低度葡萄酒的发酵。这种菌会分解部分有机酸，从而减小酸度。当菌丝体生长时，大部分的乙醇被分解，酒体的酸度会降低得很明显，当菌丝体在葡萄酒表面长至足够大时，葡萄酒的味道会很单一，甚至会出现乙醛的味道。这时酒的风味变淡，酒体浑浊。当酒在长时间内没有得到恰当的处理，就会发生这种情况。从浑浊或沉淀的瓶装葡萄酒中分离出的酵母菌还有薛氏酵母、葡萄汁酵母、巴杨氏酵母和啤酒酵母。

3. 霉菌

一般而言，霉菌不易在葡萄酒中生长繁殖，但在腐烂的葡萄中生长的灰霉菌会分泌大量的氧化酶，能使葡萄中的酚类物质氧化成不溶性化合物，常使葡萄酒表现为暗棕色浑浊。

有害微生物通常很难被消灭，因为它们通常覆盖有多糖类荚膜来保护它们，防止被消毒液伤害。对所有容器进行适当的维修，对葡萄酒进行澄清，用硫处理，维持足够低的温度（15℃），是防止微生物污染的主要手段。现在的不锈钢设备能够比以前的木制或者混凝土装备更好地维持清洁卫生，它通常配备有高效率的清洗系统，所以对其他酿酒设备的清洗显然是关键。通过清洗工厂设备无法像制药实验室那样完全消除污染物，然而，应该尽一切努力使存在的微生物种群在酒窖中降到最低。定期彻底清洗设备是必要的，尤其是接触葡萄酒的设备，发酵期间，每天早上和晚上都应该进行彻底的清洗。刚开始应该用清水冲洗，接下来使用洗涤剂（碱、多磷酸盐等）和消毒液（碘或氯衍生物和季铵）清洗。地下室和卫生桶的设计对确保清洗步骤的有效是极其重要的。任何消毒剂无法接触的地方必须消除，例如多孔表面和酒石酸的覆盖层。

二、氧化还原因素

1. 铁离子

一般葡萄酒中铁的含量为 $0\sim5mg/L$，但有时因为不同的原因可高达 $20\sim30mg/L$。葡萄酒中的铁一般为还原状态，但不是以单纯盐的状态存在，几乎全部处于络合物状态。亚铁盐类也能在葡萄酒中生成络合物，但比铁盐生成的络合物易于电离。如果与空气长时间接触后，会出现乳状浑浊和颜色的变化，俗称"铁破败病害"。这是由葡萄原酒中所含有的 Fe^{2+} 被氧化为 Fe^{3+}，并与酒中其他成分结合形成不溶性物质所造成的。Fe^{3+} 和酒液中的单宁结合形成不溶性的蓝色结合物，俗称蓝色破败病；Fe^{3+} 和酒液中的磷酸盐结合可形成不溶性的磷酸铁沉淀，俗称白色破败病。

2. 铜离子

在葡萄酒中，铜、铁离子普遍存在，它们的主要来源与土壤和加工设备有关，一般葡萄酒中铁的含量为 $0.3\sim0.5mg/L$。与"铁破败病害"相反，葡萄酒在还原条件下也会出现病害，特别是在储存温度较高时，会产生浑浊和出现棕红色沉淀，这主要是葡萄酒中的铜离子在紫外线和亚硫酸盐的催化下被还原成亚铜离子而引起的。瓶装葡萄酒储存在日光下或温度升高时能促使铜破败病的发生。

3. 氧化酶

酶促氧化主要发生在加工的早期，如葡萄细胞一经破碎或损伤就会发生，这是由于多酚氧化酶（PPO）引起的。"酶促氧化"必须具备氧、全酶及底物这三个必要条件。PPO 包括酪氨酸酶和漆酶，它们都是含铜蛋白质，能以许多化合物为底物，漆酶主要来源于霉菌。如果葡萄原酒中存在着一定量的 PPO，在储存过程中就容易出现色素和酚类物质被氧化的现象，形成不溶性物质。对于红葡萄酒而言，色素的聚集会使葡萄酒的颜色出现褐色、颜色变暗，并出现沉淀。对于白葡萄酒，其颜色会变黄、泛棕、失去光泽。所有氧化的酒在口感上都会不同程度地失去清爽感，同时果香消失，并出现与马德拉酒相似的气味，俗称"马德拉化"。

三、物理因素

葡萄酒中的诸多成分，在外界条件改变或长期处于不利条件下，会重新絮凝形成大分子络合物或者析出结晶，造成酒体出现非正常的浑浊和沉淀。

1. 蛋白质

葡萄酒蛋白质的存在是酒不稳定所必不可少的因素，大多数学者认为蛋白质越多，酒的稳定性就越差。葡萄酒中蛋白质的来源复杂，葡萄酒蛋白质被认为是葡萄蛋白质跟酵母蛋白的混合物，这造成了研究葡萄酒蛋白质不稳定性的复杂性。蛋白质热敏感性不同，稳定性也不同。因此，只有蛋白质复合物中的一部分蛋白质影响酒的稳定性，同时浑浊的产生受非蛋白组分控制。葡萄果实中自然存在着不同的蛋白质，与其他水果比较，它的蛋白质含量不是很高。在成熟葡萄汁中可溶性蛋白出现得很简单，通常以小分子的形式而存在。其中最丰富的蛋白质是 pathogenesis-related（PR）蛋白，包括 chitinases（几丁质酶，M_w 32kDa）和 thaumatin-like 蛋白（类奇异果甜蛋白，M_w 24kDa）。几丁质酶的量在成熟葡萄浆果可溶性蛋白质中约占 50%。葡萄酒中的蛋白肽来自于葡萄果肉。大约一半的蛋白质与葡萄中的酚类结合，同时一部分蛋白质在酿造过程中与多酚结合发生絮凝，从而沉降下来。酵母影响葡萄酒蛋白质复合物有两种方式：一是酵母自溶使蛋白质转移到酒中；二是酵母分泌蛋白质水解酶水解葡萄汁中的蛋白质。但酵母蛋白质不是酒中热不稳定蛋白质的主要来源。葡萄原酒中的蛋白质因温度过高或过低以及 pH 值的变化等原因会引起水化膜被破坏、电荷被中和以及空间结构解体而导致絮凝沉淀。葡萄酒蛋白质作为沉淀物的中心，有以下几种情形。

（1）与阳离子（金属离子）结合。原酒中的金属离子，如铜离子、锡离子和铝离子等都能与蛋白质形成复合物，产生雾浊、浑浊或沉淀。在生产中发现，白葡萄酒中的锡含量超过 1mg/L 时，也会形成锡-蛋白质复合物而产生浑浊。

（2）与磷酸盐、硫酸根离子结合。

（3）在痕量重金属离子的作用下，葡萄原酒中的蛋白质与单宁会形成带正电荷的蛋白质-单宁大分子络合物。

（4）在红葡萄酒中，大分子色素（LPP）与蛋白质产生沉淀，而小分子色素（SPP）则不产生沉淀。新酒中的色素有一部分处于胶体状态，常温下可溶解于水而不影响酒的澄清度。低温下，尤其是红葡萄酒在 0℃ 以下能产生色素沉淀，如用下胶冷冻澄清的办法将这部分不稳定的色素去除，则再遇低温就不再沉淀了。

2. 果胶质

在酿制过程中，由于水解不完全等原因，葡萄原酒中会含有一定量的果胶。在后期储存过程中：一方面，这些大分子胶体性果胶分散在葡萄酒中，会使葡萄酒呈现浑浊的不透明外观；另一方面，果胶还会与葡萄酒中的钙离子、铁离子和蛋白质形成絮状的果胶酸钙和果胶酸铁沉淀。

3. 酒石

酒石（酒石酸氢钾和酒石酸钙）沉淀是葡萄酒最容易出现的质量问题。酒石沉淀的出现虽然不会对葡萄酒的口感和风味造成影响，但也要防止其出现在装瓶之后，避免消费者对产品质量不必要的误解。葡萄酒的酒度、含酸种类、pH 值、阳阴离子种类、色素以及各种络合物，对酒石沉淀都具有重要影响。

4. 酚类化合物

葡萄酒中的酚类化合物主要有类黄酮和非类黄酮两大类。类黄酮主要有花色苷类、黄酮醇类、黄烷酮醇类、黄烷醇类、原花色素、水解性单宁等。非类黄酮主要包括酚酸类化合物。酚类物质对葡萄果实的色泽、风味以及葡萄酒的口感、营养价值都具有重要作用，但是酚类物质也可与其他物质发生反应而产生沉淀。

5. 外来物质

葡萄酒澄清后或灌装前的过滤所使用的过滤介质（如硅藻土、石棉纤维、棉花纤维和尼龙织物）也可能通过泄漏或操作不当而卷入葡萄酒中，导致过滤介质性沉淀。原料（如被打破的葡萄籽）或设备表面的油质成分也可能进入葡萄酒而出现非常微小的油滴浑浊。

第三节　葡萄酒稳定性的检验及处理方法

在葡萄酒的生产中，酒石酸盐类和部分色素物质是主要的冷不稳定因素，胶体类物质是主要的热不稳定因素。在常温下，葡萄酒中的酒石酸氢钾、酒石酸钙因受各种因素的影响，其过饱和部分结晶是很缓慢的，要经过长时间才能形成晶体并沉淀析出。因此葡萄原酒，特别是发酵的新酒是含酒石酸盐的不稳定溶液。当温度降低时酒石酸盐溶解度减小，使其成为过饱和溶液，便很快产生结晶性沉淀。同样色素类物质在常温下大部分溶于葡萄酒中，即使是色素物质含量多的红葡萄酒，也是澄清透明的。随着时间的推移，色素物质就会被氧化、聚合而沉淀，在低温下更容易产生沉淀。蛋白质类物质在受热后易变性絮凝，使葡萄酒失光，产生絮状物。

一、蛋白质胶体的不稳定性测定

对于红葡萄酒来说，由于单宁物质较多，在陈酿过程中，蛋白质和单宁发生化学反应形成沉淀而被除去。因此蛋白质胶体的不稳定性测定主要针对白葡萄酒或桃红葡萄酒。这两种酒单宁含量较低，而酒中仍含有较多的蛋白质，在一定的条件下，蛋白质粒子或它们的反应物逐渐聚集，而使葡萄酒变得浑浊不清，产生沉淀。葡萄酒发酵结束后立即倒酒，以缩短酒液与酒脚的接触时间，避免酵母自溶后过多的蛋白质进入葡萄酒中。如果对葡萄酒进行明胶处理，则应预先做试验确定合理用量，添加时应使之均匀分布于葡萄酒中。在葡萄酒中加入300～600mg/L 的膨润土，便可除去过量蛋白质。

蛋白质稳定试验：用一只锥形瓶装入 200mL 酒样，加入 2mL 10% 的单宁溶液，在 80℃ 的水浴中加热 20min，然后冷却，若有浑浊出现，则说明蛋白质不稳定。

二、酒石酸盐的不稳定性测定

葡萄酒虽含有大量的酒石酸，但游离的酒石酸溶解于水，故不影响葡萄酒的稳定性，但它能与钾、钙离子生成两种低溶解度的酒石酸氢钾、酒石酸钙，而使酒产生沉淀。这两种盐的溶解度均随酒度的提高而下降。酒石酸氢钾的溶解度随温度的下降而降低，而酒石酸钙受温度的影响较小，在葡萄酒中形成结晶的速度很慢。将葡萄酒冷冻至冰点以上（1.0～1.5℃）并保持 6～7d，由于低温的作用，大部分酒石酸氢钾将饱和析出，然后在低温下过滤，便可除去产生的结晶沉淀。

酒石酸的稳定性试验：取一试管酒样，白葡萄酒在 −4℃ 下冷冻 8d，红葡萄酒在 −4℃ 下冷冻 15d，如果有结晶析出，则说明酒石酸盐不稳定。

三、金属离子的不稳定性测定

葡萄酒金属离子的不稳定性主要是指酒中所含的铁、铜离子与其他成分反应形成有色胶体物质而聚集浑浊，即所谓的铁破败病和铜破败病。

首先通过比色分析测定葡萄酒中的含铁量，若小于 8mg/L，则可认为葡萄酒不会发生铁破败病；若大于 8mg/L，则应进行稳定性试验。试验方法是：取一试管酒样，加入 2 滴 10% 的 H_2O_2 溶液，放入冰箱，在 0℃ 下促进氧化 5d。对于白葡萄酒来说，若变为乳白色甚至出现灰白色沉淀，且在加入少许连二亚硫酸钠后重新变为澄清状，则说明该酒的铁不稳定。对于红葡萄酒来说，若出现染上色素颜色的沉淀物，将沉淀物取出，用 2mL 50% 的盐酸溶解后，再加入 5mL 5% 的硫代氰酸钾，显深红色或者葡萄酒变为蓝灰色，且有蓝黑色沉淀产生，则说明该酒的铁不稳定。对于铁不稳定的葡萄酒，如果酸度不高，可以承受轻微的增酸，即用柠檬酸配合维生素 C 来防止铁破败病的发生；或者加入适量的亚铁氰化钾，便可达到除铁的目的。由于亚铁氰化钾在酸的作用下会产生剧毒的氢氰酸，因此在使用时必须注意以下几点：第一，必须使加入葡萄酒中的亚铁氰化钾全部沉淀除去，只有在证明被处理的葡萄酒中不含有任何亚铁氰化钾及其衍生物后才能投放市场；第二，亚铁氰化钾只能用冷水溶解，不能用热水或葡萄酒溶解；第三，所有与处理直接有关的用具绝不能用酸液清洗，而需先用 10% 碳酸钠溶液洗涤，再用清水洗净。

另一种方法是将葡萄酒通过强酸型钠离子交换树脂柱，由于交换可除掉一部分铁离子，使葡萄酒中的含铁量在稳定水平之下。不过，该法处理时也将吸附部分芳香物质，对葡萄酒的感官质量会有些影响。因此，该法只适宜于处理中低档酒。

由于铜破败病是在还原条件下出现的病害，因此它主要在瓶内发生，特别是在装瓶以后暴露在阳光下或储藏温度较高时更易发生。必须测定铜的含量，若含铜量为 0.5～1.0mg/L，则应进行铜稳定性试验。试验方法是：用一无色玻璃瓶取一瓶酒，加入 1mL 6% H_2SO_3 溶液，封口，水平放在阳光充足的窗台下 7d，如果酒变浑浊，倒出半杯，置于室中，2d 后酒又重新澄清，则说明该酒的铜不稳定。它常出现于白葡萄酒和桃红葡萄酒中。对于铜破败病葡萄酒的处理方法：用 1000mg/L 以下的皂土处理，如果皂土处理仍不能保证铜的稳定性，则要进行除铜处理。如果该酒的铁也不稳定，则可结合除铁用亚铁氰化钾处理；如果铁稳定，则可用硫化钠结合 30mg/L 的维生素 C 进行除铜处理，并下胶过滤。

四、色素胶体的不稳定性测定

葡萄酒中存在着许多色素物质，其成分主要是多酚类化合物，它们的性质较为活泼，在储存陈酿过程中，它们之间会不断发生聚合或缩合作用，胶体颗粒不断增大，最后导致颜色改变或沉淀产生。在葡萄酒产生色素沉淀的过程中，会由于氧和氧化酶的存在而加剧作用。当氧化酶存在时，葡萄酒一旦暴露于空气中，便会很快褐变。正常葡萄浆果中的氧化酶为酪氨酸酶，而受灰霉菌等危害的葡萄浆果中除酪氨酸酶外，还有漆酶。漆酶氧化能力强，危险性也较大。色素的稳定性试验：取一瓶葡萄酒在 0℃ 下保持 12h 以上，如果出现红色沉淀，则说明色素不稳定。或者取酒样 100mL，分装于两个 100mL 烧杯中，一个烧杯中加入 0.59g 偏重亚硫酸钾，另一个烧杯加入 0.5g 柠檬酸，暴露于空气中，经 4～5d，如加偏重亚硫酸钾的样品清亮，而加柠檬酸的样品浑浊，即可判定该酒样存在色素胶体的不稳定性。解决方案：最好选择成熟、健康的葡萄浆果作原料，对那些受灰霉菌侵染程度较轻的葡萄浆果，需进行加热处理，并加人工培养酵母液，以杀死霉菌和钝化氧化酶的活性，实现纯种发酵。在葡萄酒的发酵、储存及装瓶过程中，应尽量使葡萄酒少接触空气，防止氧过多溶入而导致多酚类化合物发生氧化现象。二氧化硫可以破坏酪氨酸酶，抑制漆酶的活性，可防止葡萄酒氧化；还可用皂土下胶或冷冻处理。尽管由此获得的葡萄酒对于储藏的葡萄酒来说，只是暂时的现象，但在实践中，经过这样处理的葡萄酒足以维持货架期。

五、微生物的不稳定性测定

葡萄酒被微生物污染后，会失去透明度、浑浊、产生异味。在酒的 pH＞3.6、残糖高、酒度低、接触空气的情况下，就容易被微生物污染，因此要绝氧陈酿。微生物不稳定因素的鉴定方法如表 10-1 所列。显微镜检查特别适合于微生物性浑浊沉淀、钾钙盐晶体性浑浊沉淀和外来物浑浊沉淀的鉴别。生产中采取的措施是：添桶，原酒表面充添 SO_2 或 CO_2；提高原酒的乙醇含量；在原酒的表面添加一层高度食用乙醇。原酒一旦被微生物污染，其处理措施为加热杀菌，杀菌时间为 15～20min。或采用亚硫酸法，产膜酵母要完全灭菌，SO_2 达到 300mg/L 可消除所有微生物病害。但对醋酸菌采用添加 SO_2 的方法，只能起到暂时抑制作用，而不能达到根治效果。

表 10-1　微生物不稳定因素的鉴定

检查项目	酵母菌	醋酸菌	乳酸菌
可见外观	细雾状或沉淀,有少量气体	在表面层有灰色厚膜	细雾状或沉淀,或丝状流动性的浑浊
气味	无明显变化	醋味	有气、鼠臭或酸菜味
显微镜检查	$4\sim5\mu m$	椭圆形或杆状,无芽孢形成	$\leqslant4\sim5\mu m$,杆状或球状,有芽孢形成
基本培养基[①]	+	+	+
过氧化氢酶实验[②]		+	+
碳酸钙平板		清楚	不清楚

①在基本培养基中生长为＋,不生长为－。
②过氧化氢酶实验中于半分钟内产生气泡者为＋,不产生气泡者为－。

第四节　葡萄酒澄清处理的方法

葡萄酒只具有良好的风味特征是不够的,还必须具有良好的澄清度,因为这是消费者所需求的第一个也是最直接的质量指标。只有稳定的葡萄酒,其感官质量才能向正常良好的方向发展。因此,不应只在葡萄酒出现问题后再进行处理,而应在装瓶前进行主动预防。

一、葡萄酒稳定与澄清

葡萄酒的澄清处理是葡萄酒生产过程中不可缺少的工艺技术之一,其主要目的就是除去葡萄酒中过量的容易变性沉淀的不稳定胶体物质和影响酒的感官品质的杂质,从而使葡萄酒获得应有的澄清度,并使其在物理化学性质上保持稳定的澄清状态,同时部分改善葡萄酒的感官品质。澄清过程实际上是一种混合物分离的过程。

稳定与澄清既有区别,又有联系。一方面稳定是为了保持葡萄酒的稳定性,防止产生新的浑浊和沉淀物质,保证产品在装瓶后储存过程中的澄清度;另一方面葡萄酒稳定的作用还在于它能够从总体上提升葡萄酒的品质,避免不良风味和其他病害的发生。

二、澄清度的测定方法

葡萄酒的浊度指葡萄酒中的悬浮颗粒对光线透过时所产生的阻碍程度,是表征葡萄酒澄清度的一个指标,通常可用 NTU 来表示,1NTU 表示 3.2mg 二氧化硅分散在 1L 水中所形成的浑浊度。葡萄酒浊度的检测参照 ISO 7027：1999 国际标准的要求,借助浊度检测仪,可快速检测出葡萄酒的浊度值。葡萄酒澄清与浑浊度的对应关系见表 10-2。

表 10-2　葡萄酒澄清与浑浊度的对应关系

葡萄酒类别	澄清/NTU	浑浊/NTU
白葡萄酒	<1.1	>4.4
桃红葡萄酒	<1.4	>5.8
红葡萄酒	<2.0	>8.0

三、葡萄酒澄清方式

结合葡萄酒的实际生产过程，澄清方式可分为：自然澄清、机械澄清、化学澄清及生物酶澄清。

（一）自然澄清

自然澄清就是将酒中的悬浮微粒自然沉淀后分离，酒液中的不稳定的胶体粒子自动聚集合并变大、聚结沉淀达到澄清目的。这种方法耗费时间较长，且无法保证不良胶体颗粒沉降完全。这种方法是达不到成品葡萄酒装瓶要求的，必须采用人为添加蛋白质类物质来吸附悬浮微粒的澄清方法，以加速澄清过程和增加澄清度。同时，还需要将葡萄酒在装瓶前进行加热杀菌、冷冻处理或无菌过滤的方法，将葡萄酒中的细菌或酵母菌除去，就可以提高葡萄酒的化学稳定性。自然澄清一般应用在葡萄汁澄清、原酒陈酿、热稳定性处理、原酒成分的调整、冷稳定性处理等生产工序中。由于自然澄清的周期比较长，所以一般要求葡萄酒低温静置和保持一定量的二氧化硫含量，再结合机械澄清和化学澄清方法才能完成葡萄酒的澄清与稳定过滤。

1. 倒桶/添桶

倒桶或者转罐，就是将葡萄酒从一个储藏容器转到另一个储藏容器，同时将葡萄酒和沉淀物分开的过程。倒桶的效应：

① 澄清　倒桶的第一个效应是将葡萄酒与酒脚分开，从而避免腐败味、还原味以及 H_2S 味等。葡萄酒的酒脚含有酵母和细菌，将它们与澄清的葡萄酒分开，可避免由于它们重新活动而引起的微生物病害。在酒脚中还含有酒石酸盐、色素以及蛋白质等沉淀，倒桶可防止它们在温度升高等条件下重新溶解于葡萄酒中。此外，倒桶也可避免沉淀物重新以悬浮状态进入葡萄酒中，使葡萄酒重新变浑。这也是在为葡萄酒最终的澄清稳定做准备。

② 通气　倒桶可使葡萄酒与空气接触，溶解部分氧。这样的通气有利于葡萄酒的变化及其稳定。

③ 挥发　生葡萄酒为 CO_2 所饱和，倒桶有利于 CO_2 和其他一些挥发性物质的释出。倒桶时，乙醇的挥发量很小。

④ 均质化　倒桶可使储藏容器中的葡萄酒均质化。葡萄酒静置的时间过长，就会形成不同的沉降层次，甚至各层次中游离的 SO_2 的含量也会有所不同，这样在最下层次和最上层次中游离的 SO_2 的含量就可能不够，倒桶可使各层次的葡萄酒混合均匀。

需要注意的是，大容器倒桶的频率要比小容器的高，香味浓清爽的白葡萄酒倒桶少。葡萄酒的倒桶又分为封闭式倒桶和开放式倒桶。封闭式倒桶是指在进行倒桶时隔绝氧气，主要用于容易破败以及容易被氧化的葡萄酒。开放式倒桶是在进行倒桶时，有限接触氧气。开放式倒桶可以使葡萄酒当中的葡萄糖被充分降解，完成乙醇发酵；除去过量的二氧化硫，以及避免硫化氢的气味；使部分氧气溶于酒液，有利于葡萄酒的成熟过程当中的各种反应。倒桶需要注意的事项：选择晴朗、干燥的天气进行；要对容器进行彻底的清洗；进行抗氧化实验，并且及时调整二氧化硫的浓度。

葡萄酒在储藏过程当中，由于葡萄酒品温降低，其中溶解的二氧化碳等不断溢出，葡萄酒通过容器壁、容器口蒸发等造成葡萄酒总体积变小。储藏容器口和葡萄酒表面之间形成的空隙，会造成葡萄酒的氧化败坏和微生物污染，所以需要及时对葡萄酒进行添桶。添桶所用的酒应当为优质、澄清、稳定的葡萄酒，并经过微生物检验和品尝检验。在实际生产当中可以在葡萄酒上方充入二氧化碳或氮气，从而避免上述污染。此外，通过使用浮顶罐进行葡萄酒发酵罐体积的调整。

2. 低温冷冻及热处理

低温是葡萄酒稳定和改良质量的重要因素。葡萄酒进行冷冻处理产生的浓缩和脱水致使胶体变性，趁冷过滤可除去果酒中过剩的酒石酸盐类、单宁、果胶、色素等悬浮微粒，使葡萄酒更加稳定，并改善葡萄酒的感官质量。此外，冷冻处理可以使酒中含有的细菌、酵母菌和霉菌孢子等微生物生长缓慢且停滞，减少了病害的发生，使葡萄酒变得更加健康。

用低温处理来控制稳定性已成为葡萄酒生产中极其重要的工艺。一般最佳冷冻处理的温度是$-4.5 \sim -5.5℃$，冷冻处理时间是$7 \sim 10d$。在冷冻处理过程中，葡萄酒在持续低温的条件下，逐渐形成较大的晶核和晶粒，使酒中不稳定的成分聚集，通过沉淀或趁冷过滤除去。它是提高葡萄酒稳定性、确保质量的一种行之有效的处理方式。该技术设备较昂贵，但能源成本低、设备保养费低。

（1）自然冷冻　利用冬季的低温，可以使露天桶中的葡萄酒实现冷冻处理。在来年开春之际，结合倒桶和过滤，除掉酒石以使葡萄酒达到稳定。这种冷冻处理方式成本低廉、节省能源，所以被许多中、小型酒厂广泛采用。

（2）间接冷冻　该方法和自然冷冻有相似之处，是将储酒罐或管道置于冷库中，通过库温的热传递，来使葡萄酒达到冷冻处理的温度。由于该方式空气的热传递率低，无法保证需冷量，而且不利于结晶的形成，所以很少使用。

（3）直接冷冻　该方法是将需要冷冻的葡萄酒在保温罐中通过冷冻设备的罐壁、导管、薄壁进行热量交换，使葡萄酒温度下降到要求温度而达到冷冻处理的目的。该冷冻方式耗费的时间、人力、物力成本较高，冷冻合格率不稳定。

（4）连续式快速冷冻处理　连续式快速冷冻处理是将待冷冻红葡萄酒通过速冻机直接冷冻到冰点温度，快速通过酒石分离系统、过滤设备，达到冷冻处理效果的一种现代化的冷冻方式。其主要优点有：①占地面积小；②自动化程度高；③处理葡萄酒的数量多；④冷冻合格率高。

热处理则利用胶体受热凝结沉淀，通过过滤将其除去。热处理的温度和时间要根据果酒的具体情况和要求而定，一般控制在$75℃$左右，处理时间在$5min$以内。葡萄酒的热处理可以加速葡萄酒的成熟，可以加速氧化、色素的水解和酯化反应，但是为了避免挥发性物质的溢出以及强烈的氧化，热处理必须在密闭条件下进行。此外，热处理可以加速蛋白质的变性，从而使其在冷却后发生凝聚，有利于后期的过滤。葡萄酒的热处理可以去除过多的铜离子，从而避免葡萄酒的铜破败，防止酒石酸结晶沉淀。此外，葡萄酒的热处理可以起到杀菌和破坏氧化酶的作用。

冷热交叉处理分别进行冷处理和热处理，兼两法之长进行澄清。此法虽然通用性强，但技术要求高，需严格掌握冷冻或加热温度，而且果酒稳定性差，冷冻、加热时还可能影响酒质，如香气损失等。因此，这种方法较少单一使用。

（二）机械澄清

过滤是葡萄酒生产中的重要操作。机械澄清是通过适当的过滤器、离心机等多孔膜设备进行固相物质和液相物质的分离，从而将葡萄酒中已有的悬浮物和一些微生物去除而达到澄清的目的。机械澄清的周期较短，目前，一般葡萄原汁应用离心设备进行澄清，但数量不多，葡萄酒原酒主要还是依靠过滤设备进行机械澄清。过滤是利用某种多孔介质对悬浮液进行分离的操作。工作时，在外力的作用下，悬浮液中的液体通过介质的孔道流出，使固体颗粒被截留。目前常用的过滤设备有硅藻土过滤机、烛式过滤机、灌装膜过滤机和错流过滤机。

1. 离心过滤

离心处理可以加速葡萄酒中悬浮物的沉淀，从而达到澄清和稳定葡萄酒的目的，现在主要使用连续式离心机。传统离心机的离心加速度为重力加速度的 5000～8000 倍，主要用于对葡萄汁的澄清处理和葡萄酒的预先过滤。这种离心机对酵母菌的去除效果要比细菌好。连续式离心机的构造如图 10-1 所示，工作原理是：浑浊的葡萄酒在离心力的作用下，经滤筒 1 粗滤后流入容器 2 中，并沿管道 3 及分布器 4 流往转鼓 6 的下部，然后分布于碟片 5 的间隙之间。在转鼓旋转时所产生的离心力的作用下，较重的悬浮微粒（酵母菌、细菌及其他杂质）被抛向四周，并沿转鼓内壁向下经管道 7、喷嘴 8 及排渣管道 9 排出。清酒则沿碟片上升并经清汁孔 10 流往清酒收集器 11 中。

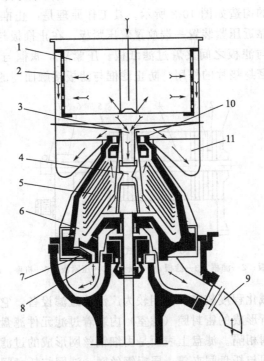

图 10-1　连续式离心机
⟶ 浊酒流向；⟶ 清酒流向；⟷ 沉淀流向
1—滤筒；2—容器；3—管道；4—分布器；5—碟片；6—转鼓；7—管道；
8—喷嘴；9—排渣管道；10—清汁孔；11—清酒收集器

2. 过滤

在葡萄酒酿造中，为了使葡萄酒长期保持清澈透明，除了自然澄清，需要进行多次过滤。葡萄酒最少要进行三次过滤。第一次过滤是配酒下胶后，用硅藻土过滤机，排除悬浮在酒中的细小颗粒和澄清剂颗粒。第二次过滤是在冷处理后，低温下用纸板或硅藻土过滤机，分离悬浮状的微粒晶体和胶体。第三次过滤是在装瓶前，采用膜过滤机，进一步提高透明度，防止发生微生物浑浊。过滤设备根据过滤推动力的不同可分为四类。葡萄酒生产中常用压滤机、真空过滤机及离心分离机。

a. 重力过滤机——利用滤浆自身的压头。

b. 加压过滤机（压滤机）——在滤浆表面施加压力。

c. 真空过滤机——在过滤介质的另一侧抽真空。

d. 离心过滤机——利用离心力的分离作用。

以硅藻土和支撑板作为过滤介质是最常见的末端过滤。在末端过滤中，随着过滤时间的延长，滤出物形成的滤饼增厚，过滤阻力增加，当进出口压差超出工作范围时过滤停止。其操作方式比较简单，但劳动强度高，环境污染严重，达不到精滤的要求。如果未滤液中固体含量小于0.5%，常采用这种过滤方式，即稀（固体含量少）料液的过滤，过滤规模小。板框式纸板过滤机是葡萄酒通过滤纸板，从而达到过滤的目的。纸板主要由脱色木质纸浆、棉绒纤维、煅烧硅藻土、合成纤维组成。根据过滤效果的不同可以将纸板分为3类，分别是粗滤板、澄清纸板和除菌板，在过滤过程中依次使用。纸板具有正反两面，反面一般凹凸不平，是葡萄酒的进口端，正面较为光滑，是葡萄酒的出口端。

板框式纸板过滤机的构造如图10-2所示。其工作原理是：止推板和机座由两个纵梁连接，构成机架。机架上靠近压紧装置一端放置着压紧板。在止推板与压紧板之间依次交替排列着滤框和滤板，滤框与滤板之间夹着过滤纸板。压紧后，滤框与其两侧滤布之间形成滤室。滤布介质同时起着密封垫片的作用，防止滤框与滤板接触面间的泄漏。

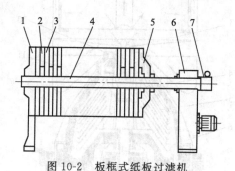

图10-2　板框式纸板过滤机

1—止推板；2—滤框；3—滤板；4—纵梁；5—压紧板；6—机座；7—油缸

硅藻土过滤机是机械化程度较高、使用较为广泛的过滤设备，它的构造如图10-3所示。其工作原理是：在机壳所形成的密封腔（滤室）内装着过滤元件滤盘。滤盘水平安装在一根空心轴上，相互间用隔圈相隔。滤盘上表面是由细钢丝网形成的过滤面；下表面为托盘，起接滤液的作用。细钢丝网与托盘间夹着一层粗钢丝网。滤网与托盘间形成的间隙与空心轴相通。过滤时，滤渣沉积于过滤面表面，滤液经空心轴流出。操作步骤主要是：助滤剂预涂层的敷设、过滤、残液过滤、排渣、清洗。该设备的特点是：①过滤面水平向上，助滤剂层易于敷设，不易脱落；②可在过滤过程中陆续加入助滤剂，过滤持续的时间长；③自动排渣及清洗，节省人力和时间；④结构复杂，造价高。

3. 超滤

超滤是以压力为驱动力，用膜将直径小于0.3μm的粒子与其他低分子量组分或溶剂分开，这种膜分离过程即超滤。超滤技术在乳制品、果汁、酒、调味品等生产中采用，如牛奶或乳清中蛋白质和低分子量的乳糖与水的分离，果汁澄清和去菌消毒，酒中有色蛋白质、多糖及其他胶体杂质的去除等，以及酱油、醋中细菌的脱除。超滤所用的膜为非对称膜，其表面活性分离层平均孔径为10～200Å（1Å=10^{-10} m），能够截留分子量为500以上的大分子与胶体微粒，所用操作压差为0.1～0.5MPa。原料液在压差作用下，其中溶剂透过膜上的

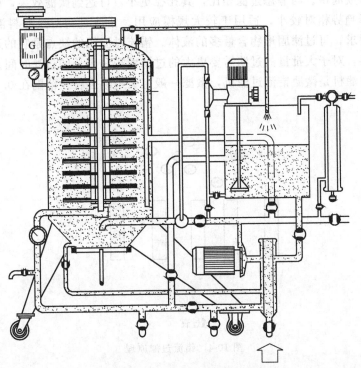

图 10-3　水平圆盘式硅藻土过滤机

微孔流到膜的低限侧（为透过液），大分子物质或胶体微粒被膜截留，不能透过膜，从而实现原料液中大分子物质与胶体物质和溶剂的分离。超滤膜对大分子物质的截留机理主要是筛分作用，决定截留效果的是膜的表面活性层上孔的大小与形状。除了筛分作用外，膜表面、微孔内的吸附和粒子在膜孔中的滞留也使大分子被截留。实践证明，在一些情况下，膜表面的物化性质对超滤分离有重要影响，因为超滤处理的是大分子溶液，溶液的渗透压对过程有影响。

　　超滤所使用的操作条件温和，所需的工作压力较小，温度也比较低，对膜片影响很小。而且分离环境密闭，分离过程在常温密闭环境下进行，对蛋白质等热敏性物质以及一些挥发性物质几乎没有损害，可提高产品的质量。同时，生产效率高，实用性强。利用超滤进行浓缩除去水分，不发生相变化，节省能源，又因只是以压力作为推动力，所以装置简单，操作容易，易于控制与维修。膜分离是在密闭系统中进行的，被分离物质无色素分解和褐变反应，不需要采用化学试剂（如添加剂）处理，产品不受污染。膜分离选择性好，可在分子级内进行物质分离，具有普通滤材无法取代的优越性，适应性强，使用范围广，可用于分离、浓缩、纯化、澄清等工艺。膜分离的处理规模可大可小，可以连续也可以间歇运行。膜组件可单独使用或者联合使用，工艺简单，操作方便，易于实现自动化操作。

　　4. 错流过滤

　　错流过滤是指液流的主要部分在过滤介质的表面很快流过，形成强烈的湍流效果，其中只有一小部分液体透过过滤介质。透过的滤液被称为"透过液"，而未透过过滤层的部分被称为"保留液"，原理如图 10-4 所示。这种未透过过滤层的保留液再进入循环，它可以在操作中多次平行经过滤层表面，少量含杂质的浓缩液返回未过滤液罐中。错流过滤大大减少了悬浮固体，不会堵塞滤孔和导致过滤速度下降，因为它们被连续的液流不断带走，不会在滤层表面积累而形成滤饼。与静态过滤相比，其孔径更小，可达到微滤效果，而且其结垢倾向较低，通量下降趋势相对较小，适用于较大规模应用。错流过滤对过滤料液的悬浮粒子大小、浓度没有要求，可过滤固形物含量多的液体。错流过滤机的缺点是它的过滤速度比传统的过滤机低得多，对于大批量的过滤需要更大的过滤面积和更长的过滤时间。通常葡萄酒行业使用的错流过滤机是微滤错流过滤机，微滤一般定义是除去粒径范围在 $0.1\sim1\mu m$ 悬浮颗粒的过滤。

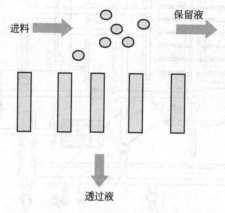

图10-4　错流过滤原理

微滤错流过滤可进行无菌过滤，也可处理固形物含量较高的液体，因此可应用于：①终止发酵过滤；②勾兑后的精过滤；③下胶后的澄清过滤；④冷稳后的除酒石过滤；⑤除菌过滤（除去酵母细胞需要 $0.65\mu m$ 的孔径，除去细菌细胞需要 $0.45\mu m$ 的孔径）；⑥装瓶前的预过滤。相比较而言，超滤和反渗透错流过滤是从滤液中除去分子水平溶质的过滤。在葡萄酒行业，超滤可以用于对蛋白质、单宁和色素的去除。反渗透过滤可以用在低醇葡萄酒的生产、乙酸的去除和不加热条件下生产浓缩果汁中。

错流过滤机有不同的类型，不同的生产厂商也有各自的设计特色。这些过滤机可以根据过滤介质的构型分为平板式、中空纤维式或螺旋卷式。它们的过滤介质材料也有很多种，例如聚丙烯、聚砜、多孔不锈钢、陶瓷或氧化锆等。

5. 电渗析法

电渗析法是一种新型的去除酒石酸盐的方法，利用直流电场作用，将构成酒石酸盐的阴阳离子通过选择性离子透过膜分别除去，从而达到酒体冷稳定的目的，其工作原理如图10-5所示。电渗析法去除葡萄酒中的酒石酸盐，比传统冷冻法更高效，更加节约能源、资源。预过滤后的葡萄酒经过电渗析处理系统，其中的阴离子和阳离子（钾离子和酒石酸氢根离子）在直流电场作用下分别向相反电极方向移动，通过选择性离子透过膜。钾离子和酒石酸氢根离子就被分别排除到相邻的硝酸溶液冲洗回路中，经电渗析处理后，葡萄酒中可形成酒石酸盐的有效成分就被间接地按预定的处理量去除掉。葡萄酒和硝酸溶液分别在不同的流路内通过，二者被离子选择性透过膜隔离。

（三）化学澄清

化学澄清又叫下胶澄清，应用下胶的方法进行澄清的实质是在葡萄酒中加入专业下胶澄清辅料（亲水胶体），使之与葡萄酒中的胶体物质和单宁、蛋白质及金属复合物、某些色素、

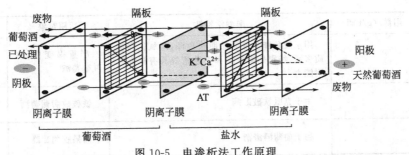

图 10-5　电渗析法工作原理

果胶质等不良胶体发生絮凝反应，并将这些物质除去。为了使胶体絮凝，必须使胶体粒子发生两方面的变化：①吸附带相反电荷的粒子；②粒子相互吸附增加粒子的质量。影响下胶后胶体凝结强度的因素主要有：①酒中单宁含量，白葡萄酒中单宁含量较低，凝结不完全；②保护性胶体（如树胶、粘胶）可阻止凝结作用；③Fe^{2+} 的含量，在下胶前进行通风使 Fe^{2+} 转变为 Fe^{3+}，有利于下胶凝结；④温度，温度较低时，有利于凝结，当温度达到25～30℃时，下胶效果很差；⑤电解质的含量。下胶法澄清效率高、操作可控性强，是目前最普遍的澄清工艺。下胶澄清辅料分类见表10-3。

表 10-3　下胶澄清辅料分类

名称	用量/(g/t 酒)	酿酒学特性	适用对象	处理胶体类型
植源胶	20～150	传统明胶、蛋清粉、皂土等下胶产品的优质替代品，下胶澄清效果显著，对葡萄酒色、香、味等感官品质无任何负面影响，安全高效	高档或优质红葡萄酒	单宁类胶体
蛋清粉	50～100	吸附葡萄酒中劣质单宁、杂色素，令口感细腻，颜色柔和，避免破坏酒体平衡	高档或优质红葡萄酒	单宁类胶体
明胶	40～150	吸附酒中劣质单宁、杂色素，减少酒体粗糙感	优质红、白、桃红葡萄酒	单宁类胶体
优化剂	100～1000	压榨酒专用澄清优化剂，去除压榨酒苦涩、生青味	红葡萄压榨酒优化处理	
皂土	100～1000	高脱蛋白活性，较快速澄清，酒脚少而紧密，尤其用于蛋白引起的浑浊或下胶过量的酒，但对红葡萄酒的感官品质有较大的影响	下胶困难红葡萄酒、白葡萄酒、桃红葡萄酒不稳定胶体和酚类	蛋白质类胶体
硅溶胶	100～1000mL/t	具有良好的絮凝作用，用于下胶困难酒品，但不单独使用，通常与明胶或鱼胶等配合使用，强化澄清效果，有效防止下胶过量	下胶困难白、桃红葡萄酒	苦涩多酚类胶体
PVPP	100～800	预防或修复氧化褐变，促进恢复酒品新鲜感和果香，尤其是白葡萄酒，亦可减弱红葡萄酒的涩苦单宁作用，使之柔醇	白、桃红葡萄酒	易氧化多酚类胶体
酪蛋白	200～1000	有效预防或修复酒的氧化褐变或异味，促进或恢复酒的新鲜口感和明快色泽，是白葡萄酒最好的下胶材料之一	白、桃红葡萄酒	易氧化多酚类胶体
复合抗氧化澄清剂	200～3000	复合抗氧化澄清剂，下胶更为平衡和便捷，预防和修复氧化、褐变，去除苦涩味，释放果香，保持酒品新鲜感和颜色鲜亮度	白、桃红葡萄酒	易氧化多酚类胶体
酿酒单宁	100～200	下胶宜用单宁，对高蛋白引起的浑浊或经明胶下胶过量酒品的修复效果突出	高蛋白、明胶下胶过量葡萄酒	蛋白质类胶体

名称	用量/(g/t 酒)	酿酒学特性	适用对象	处理胶体类型
植活炭		用于脱色和恢复酒品明快色泽,对氧化和劣质多酚,特别是褐变物和杂色素等具有极强吸附能力	严重褐变白、桃红葡萄酒	
亚铁氰化钾		用于克服铁破败病	铁破败病葡萄酒	金属离子类胶体
澄清果胶酶		利于葡萄酒澄清	高果胶葡萄酒	果胶类胶体

此外,还有鱼胶、蛋清、干酪素、甘露糖蛋白、壳聚糖、坡缕石等澄清方法,其主要成分、澄清机理与明胶澄清法相似,但存在价格昂贵(鱼胶)、加工不纯易产生臭味(蛋清)、食品安全性(血粉)等问题,且和明胶法相似,易出现下胶过量的问题。常用澄清剂种类较多,各种澄清剂都有一定的澄清效果,澄清剂的种类、使用浓度和温度选用不当等都会直接影响葡萄酒的澄清稳定效果和酒的色度,如果红葡萄酒脱色,会使具有特殊营养价值的多酚类物质损失。酿酒师应根据酒的具体情况,通过做下胶试验,做出总体的评价,如考虑对酒质量的影响、成本的核算、生产的进度等综合因素,再选择最合适的下胶材料,如表 10-3 所示。

(四)生物酶澄清

葡萄汁中存在的大量果胶会导致澄清困难、出汁率低、过滤效率低下等问题。在浸渍过程中,果胶也会阻碍色素和单宁的浸提、溶解和稳定。果胶酶是催化果胶质分解的一类酶的总称。它能使皮层细胞分离,结构破坏而脱落,利于色素物质的浸出。根据不同工艺目的,选择含不同成分和性质的酶制剂,有针对性地在葡萄破碎、压榨或陈酿时加入。在复合果胶酶的协同作用下,可促进颜色浸渍和果香浸提,有利于葡萄汁澄清,从而改善和提升葡萄酒的品质。该法已经大规模用于葡萄酒的生产并取得明显的效果。除了果胶酶外,还有木瓜蛋白酶、生姜蛋白酶等。例如,唐晓珍研究了生姜蛋白酶对红葡萄酒的澄清效果。结果表明,红葡萄酒中添加生姜蛋白酶后,生姜蛋白酶对红葡萄酒的 pH 变化趋势影响不显著,可以保持红葡萄酒色调稳定,澄清度显著提高,多酚指数的变化趋势也比较平稳。

总之,葡萄酒发酵后处理是葡萄酒品质稳定的重要过程。在葡萄酒酿造中应当注意:

(1)把好原料关。葡萄原料被霉菌污染时易发生氧化酶破坏病,原因就是葡萄上的霉菌分泌氧化酶,使葡萄中的酚类化合物氧化,特别是单宁、色素的氧化,常使酒出现暗棕色浑浊沉淀。防治措施:做好葡萄分选工作;添加一定量 SO_2,添加适量的维生素 C 等。这些都是行之有效的方法。

(2)添加果胶酶。果胶酶将葡萄汁中的果胶质分解,使果汁黏度下降,原来存在于葡萄中的固形物失去依托而下沉,增强了澄清效果,同时也加快了过滤速度,提高了出汁率。

(3)及时分离酒脚。葡萄酒发酵完或澄清后,酒液与酒脚接触时间长,会出现葡萄酒酵母自溶现象,引起酒浑浊。因此,发酵结束后及时分离,除去大部分酒脚,陈酿中要多次除去酒脚。前几次倒桶采用开放式,有利于酒的成熟,以后倒桶采用密闭式操作,尽量使原酒少接触氧气,以免过度氧化而浑浊。

（4）严格下胶，防止下胶过量。

（5）及时添加 SO_2 和添桶，防止微生物污染。

（6）适当应用冷处理。

（7）综合应用多种过滤技术，达到除菌的目的，并无菌灌装。

葡萄酒的澄清工艺见图 10-6。在实际澄清工艺中，几种澄清法并不是绝对独立的，往往首先在新酒发酵完成后进行一段时间的罐储自然沉降除去大量发酵酒渣、酒脚，随后进行下胶絮凝除去造成浑浊的绝大部分大分子胶体物质，最后在装瓶前再进行必要的稳定性处理并结合 1～2 次机械过滤处理，以保证出售酒品的稳定性。整个澄清工艺贯穿于葡萄酒后处理阶段，需要综合运用上述澄清法，方可获得满意的成品酒。

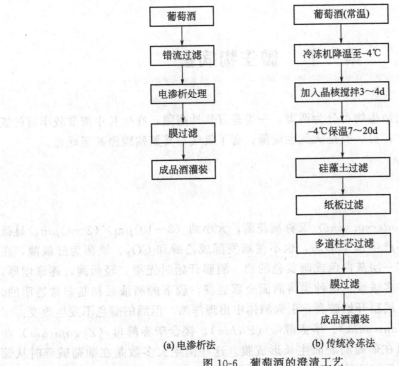

图 10-6　葡萄酒的澄清工艺

第十一章

葡萄酒的病害

第一节　微生物病害

使葡萄酒产生病害的微生物可分为两类：一类是好气性病菌，在生长中需要较丰富的氧气，缺少氧气时就会死亡；另一类是厌气性病菌，有了氧气，其繁殖缓慢甚至死亡。

一、酵母

1. 葡萄酒膜酵母

葡萄酒膜酵母（*Mycoderma vini*）又称酒花菌，大小约（3～10）$\mu m \times$（2～4）μm，显微镜下大都呈短腊肠形，不产生孢子形态，也不使糖发酵成乙醇和 CO_2。该菌为好氧菌，在酒的表面进行繁殖，生成一层灰白色或暗黄色的膜。酒膜开始时光滑、轻而薄，逐渐增厚，有时还较硬，膜上面有许多皱纹。这种膜将酒面全部盖满，膜下的酒液最初是非常透明的，随着病害的发展，老的一层膜开始破裂，引起酒体中出现浑浊，但酒的颜色不发生改变。

另外，汉逊酵母（*Hansenula*）、毕赤酵母（*Pichia*）、接合毕赤酵母（*Zygopichia*）和圆酵母（*Torula*）等都可在葡萄酒表面生长形成膜。这些菌绝大多数是在葡萄破碎时从葡萄皮上带进汁中，常见于干红酒的储酒罐与灌装后的酒瓶中。

在病害初期酒的风味没有改变，随着病害的加重，在罐内可闻到一股不愉快的气味，主要是由于乙醛的生成，同时酒度降低，酒体衰弱。风味的改变主要是因为酵母引起葡萄酒的乙醇和有机酸的氧化，原理如下：

$$CH_3CH_2OH + 3O_2 \longrightarrow 2CO_2 + 3H_2O$$
$$CH_3CH_2OH + 1/2O_2 \longrightarrow CH_3CHO + H_2O$$

当葡萄酒表面与空气接触时，在 24～26℃下产膜酵母就会大量繁殖。如果低于 4℃或高于 34℃，则完全停止繁殖。实践证明，在低度的葡萄酒中产膜酵母能够繁殖，含乙醇 10%（体积分数）时，繁殖就受到抑制。当乙醇含量达 12%（体积分数）时，在其表面就不能繁殖。

预防措施：

① 隔绝氧气。因为该菌为好气性病菌，病菌繁殖需要大量的氧气，所以使葡萄酒液面经常布满一层气体，例如 CO_2、N_2 或 SO_2。

② 控制温度。因为该菌在 24～26℃下才能很好繁殖，所以在夏天我们要经常用冷冻机

将储酒罐中的温度控制在 13～18℃ 范围之内，抑制其生长。

③ 添加防腐剂。例如山梨酸等。

为了控制葡萄酒中已产生的酒花菌，最常用的方法是热处理，即巴氏杀菌法。将葡萄酒加热到 55～65℃，不接触空气，维持很短的时间，杀死酒中可能存在的微生物。同时，也促进了酒的老熟，从而改善了酒的风味。

2. 酒香酵母

酒香酵母（*Brettanomyces*）在形态上呈现各种形状，主要生长在红葡萄酒中，通过发酵设备（例如发酵罐、橡木桶、过滤设备）等进行传播。该类酵母能够休眠很长时间，但可能在酒窖或酒瓶中恢复活力，一旦恢复活力会导致葡萄酒出现特殊的味道，浓度低时被认为香气复杂，而浓度上升后酒出现异味。

红葡萄酒的 pH 值通常保持在 3.4～3.6，当分子态的 SO_2 维持在 0.8mg/L 时能够有效地抑制酒香酵母。因此，为了抑制酵母活性及避免产生污染，需要维持 SO_2 浓度。另外，装瓶过程中利用 0.45μm 的膜进行过滤也可保证将该类微生物去除。

二、乳酸菌

与葡萄酒酿造有关的乳酸菌共有四个属：乳杆菌属（*Lactobacillus*）、明串珠菌属（*Leuconostoc*）、片球菌属（*Pediococcus*）和酒球菌属（*Oenococcus*），形态如图 11-1～图 11-4 所示。

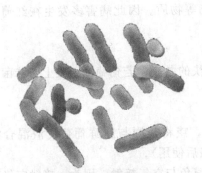

图 11-1　乳杆菌属

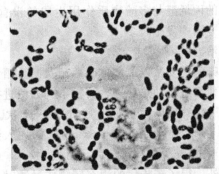

图 11-2　明串珠菌属

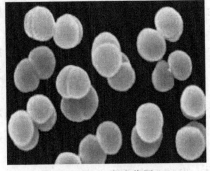

图 11-3　片球菌属

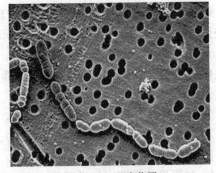

图 11-4　酒球菌属

其中，酒球菌属是苹乳发酵的主要菌属。乳杆菌属和片球菌属的细菌发酵时会引起葡萄酒变质，通常认为是有害乳酸菌，而明串珠菌属的大多数细菌不能在葡萄酒的 pH 下生长。

乳酸菌的作用主要取决于糖含量和酒液的 pH 值。pH 值不仅决定活动的微生物种类（pH 值低于 3.5，酒球菌处于主导地位；pH 值高于 3.5，乳杆菌和片球菌会大量繁殖），还决定被分解的物质，即细菌分解糖还是有机酸取决于该菌 pH 值的临界值。

乳酸菌病害常由异型发酵乳酸菌引起，这些乳酸菌呈长杆状，并连接成链状，分解葡萄酒中的酒石酸、甘油、糖等成分，分别引起酒石酸发酵病、苦味病、乳酸病、甘露糖醇病等，从而引起葡萄酒的败坏。

1. 酒石酸发酵病

酒石酸发酵病又称都尔菌和卜士菌病害，该种病菌大多呈杆状，能将葡萄酒中的酒石酸分解成乙酸、丙酸、乳酸及 CO_2。病害的发生主要是由于发酵时温度上升过快、含酸量低（pH＞3.4）以及含有残糖。

酒石酸发酵病引起葡萄酒颜色发生变化，失去光泽，变浑，平淡无味。若摇动酒，可见移动缓慢的丝状沉淀。

防治方法：

① 发酵时注意控制发酵温度，防止升温太快、温度过高。

② 发酵彻底。

2. 苦味病

苦味病是由于厌气性的苦味菌侵入葡萄酒而引起的。苦味菌多为杆菌，主要将葡萄酒中的甘油分解为乙酸、丁酸、丙烯醛和其他脂肪酸，因此也可称为甘油发酵病。苦味主要来源于生成的丙烯醛与多酚物质作用生成的没食子酸乙酯等物质。因此病害多发生在红葡萄酒中，且老酒中发生较多。

防治方法：

苦味病主要采取二氧化硫杀菌及防止酒温升高过快的办法。若葡萄酒已染上苦味菌，首先将葡萄酒进行加热处理，再按下列方法进行处理：

① 病害初期，可进行下胶处理 1～2 次。

② 新鲜的酒脚按 3％～5％ 的比例加入到病酒中，或将病酒与新鲜葡萄皮渣混合浸渍 1～2d，将其充分搅拌沉淀后，可去除苦味（酒脚洗涤后使用）。

另外，得了苦味病的酒在转罐或过滤时，应尽量避免与空气接触，因为一接触空气就会增加葡萄酒的苦味。

3. 甘露糖醇病

若发酵温度过高（38～40℃）或由于发酵不完全，残糖继续发酵，产生二氧化碳，同时酒中蛋白质与单宁的聚合物及其他杂质形成胶体悬浮，可引起甘露糖醇病（乳酸病）。

该病主要是由乳酸杆菌发酵糖造成，而且根据发酵基质不同，发酵产物也不相同。乳酸菌发酵果糖主要生成甘露糖醇，而发酵葡萄糖主要生成乙酸或乳酸，因此该病又称为乳酸病。

发生该病的葡萄酒出现丝状浑浊物，底部产生沉淀，有微量气体产生，同时葡萄酒有醋酸味和乳酸味（酸白菜或酸牛奶的味道）。

防治方法：

① 加强发酵管理（如发酵要完全，加糖不能太多，发酵温度不能太高）。

② 适当提高酒的酸度。

③ 提高二氧化硫含量，使其浓度达到 70～100mg/L，用以抑制乳酸菌繁殖。

④ 对病酒采用 68～72℃温度杀菌。

⑤ 发酵结束后，立即将葡萄酒与酵母分开。

4. 油脂病

油脂病由包括乳酸菌在内的多种细菌引发，多数发生在比较寒冷的地区，且大多产生在新白葡萄酒中。

乳酸菌表面包被多糖苷并互相连接，还有的细菌分解酒石酸和甘油，使葡萄酒变浑，失去流动性，变黏呈油状，口感平淡无味。

防治方法：

① 在 50～55℃ 的温度下杀菌 15min。

② 加入适量的亚硫酸并加入下胶剂沉淀，再过滤。

三、醋酸菌

醋酸菌是好氧菌，因此当葡萄酒暴露在空气中，葡萄酒中已存在的醋酸菌会利用乙醇在酒体表面开始繁殖，形成一层很轻的灰色薄膜，然后不断加厚并带有玫瑰红色，可沉入酒中形成黏稠物。醋酸菌氧化乙醇生成乙酸和乙酸乙酯，引起酒的酒度降低、挥发酸升高。同时，乙酸会给酒带来醋味以及尖酸的口感，而乙酸乙酯也会产生令人不愉快的味道。

防治方法：

这种病害很严重，只有严格预防，因此要做到以下几点：

① 保持良好的卫生条件；

② 严格避免葡萄酒与空气接触；

③ 维持葡萄酒储藏温度在 10℃。

第二节　物理化学病害

一、金属浑浊

1. 铁破败病

葡萄酒中铁含量一般为 2～5mg/L，在该浓度下不会引起破败病，但由于某些原因铁含量会升高，达到一定浓度后就会形成不稳定状态。

葡萄酒中的铁一般以还原态存在，如果与空气接触（如倒罐、下胶过滤等），由于受到空气中氧的作用，酒中所含有的 Fe^{2+} 逐渐氧化成 Fe^{3+}。Fe^{3+} 与葡萄酒中的柠檬酸、苹果酸等结合会形成可溶性的络合物，这时葡萄酒依然保持澄清。若与磷酸盐反应，生成沉淀为白色，叫作白色破败病，主要发生在白葡萄酒中。若铁与单宁反应，生成沉淀为蓝色，叫作蓝色破败病。由于红葡萄酒中含有充足的单宁，蓝色破败病常出现在红葡萄酒中。若发生在白葡萄酒中，则使其呈灰色至深褐色。

如图 11-5 所示，铁破败病是一类氧化破败，在还原条件下很难或根本不产生浑浊。另外，葡萄酒越酸，氧化作用越弱。而有机酸可提高正三价铁复合物的溶解度，可抑制铁破败病的发生。

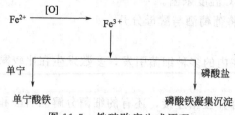

图 11-5　铁破败病生成原理

（1）鉴别方法

① 浑浊葡萄酒中加 50％盐酸，沉淀物溶解后，再加入 5％硫代氰酸钾，葡萄酒变棕红色为铁破败的颜色。

② 红葡萄酒中加入乙醚，混匀后如分成上下两层，上层为深红色，下层为葡萄酒本色，则为铁破败病。

③ 在浑浊葡萄酒中加入连二亚硫酸钠后浑浊消失，则为铁破败病。

④ 沉淀物能溶于 10％的盐酸溶液中，沉淀物用乙醇洗涤，经盐酸酸化后得到蓝色的絮状物，为蓝色破败病。

⑤ 在阳光下或加入几滴强酸消失，在通气或添加双氧水时浑浊加重，为白色破败病。

（2）产生原因

① 葡萄浆果及泥沙中含有铁；葡萄酒酿造设备原因，如含铁质的机械、储酒用碳钢罐涂料层脱落等。若铁含量超过 10～15mg/L，病害就可能出现。而在一些磷酸盐含量高的葡萄酒中，即使铁含量低于 10mg/L，也会出现铁破败病。

② 氧化条件的存在。

（3）防治措施

① 严格工艺控制　尽量避免葡萄酒与铁器直接接触；避免葡萄酒与 O_2 过分接触。

② 利用抗氧化剂　SO_2、抗坏血酸等具有抗氧化作用，可防止亚铁离子氧化。

③ 柠檬酸除铁　柠檬酸可与葡萄酒中的氧化铁形成可溶性稳定复合物。依据病害程度而定，每升酒中加入无水柠檬酸 100～400mg 不等，但只能用于生物稳定的葡萄酒。

④ 亚铁氰化钾除铁法　亚铁氰化钾和铁等金属可以生成不溶性化合物（普鲁士蓝反应），利用这一原理可使酒中的铁除去。反应式如下：

$$3K_4Fe(CN)_6 + 4FeCl_3 \longrightarrow Fe_4[Fe(CN)_6]_3 + 12KCl$$

游离亚铁氰化钾在酸的作用下，会产生剧毒的氢氰酸。因此，在使用时必须先做试验以确定亚铁氰化钾的用量，保证所加入的亚铁氰化钾全部沉淀去除。

⑤ 植酸盐除铁法　用植酸盐处理，可除去葡萄酒、果酒及白兰地等酒中的铁等金属离子。例如植酸钙可与铁离子形成白色沉淀，处理 4 天后用下胶的方式将沉淀除去（不能除去亚铁离子）。

另外，运用离子交换法、使用 PVPP 进行除铁，以及利用乙二胺四乙酸钠、多聚磷酸盐进行络合处理等方法也能获得很好的效果。

2. 铜破败病

由铜引起的破败病是在还原条件下出现的病害，主要出现在瓶内，特别是在装瓶以后暴露在日光下或储藏温度较高时，葡萄酒发生浑浊并逐渐出现棕红色沉淀。

（1）鉴别方法

① 将患病后的葡萄酒进行通气，24～48h 后浑浊和沉淀逐渐消失。置于黑暗中重新出

现，添加双氧水可加重其浑浊。

② 在 10％盐酸溶液中沉淀物溶解。

（2）产生原因　葡萄浆果和泥沙中含有铜，主要来自于防治病害所采用的农药波尔多液等的污染。葡萄酒酿造设备的铜进入葡萄酒中，如铜接头、铜杀菌机、铜过滤板等中的铜。如果葡萄酒中含 0.5mg/L 的铜，便可引起浑浊或沉淀。

Ribereau Gayon 等认为铜破败病是由铜被还原成亚铜，亚铜再将二氧化硫还原为硫化氢，生成的硫化氢与铜离子生成硫化铜，最终硫化铜为胶体，在电解质和蛋白质作用下发生絮凝作用，产生浑浊、沉淀。

因此，一定量的铜、SO_2、蛋白质和还原条件是铜破败病产生的必需条件。

（3）防治措施

① 葡萄在采收前 3 周，应停止使用含铜的药剂（如波尔多液等）。

② 避免使用铜质设备。有的设备中具有铜质部分，如果它们与葡萄酒直接接触，则应在使用前涂上环氧树脂。

③ 结合除铁，进行亚铁氰化钾处理。

④ 可进行硫化钠处理。加入硫化钠（$Na_2S \cdot 9H_2O$）与 SO_2 生成 H_2S，然后 H_2S 与 Cu^{2+} 生成 CuS 胶体，再通过下胶方法除去。应先在葡萄酒中加入 50mg/L 维生素 C，然后加硫酸钠，用量一般为 25mg/L，搅匀，立即下胶澄清后过滤。

⑤ 在装瓶时，加入阿拉伯树胶或膨润土，可防止铜离子胶体的絮凝。

⑥ 利用离子交换的方法进行处理。

3. 铝浑浊

铝浑浊很少发生，但可能形成不易处理的沉淀，还会使葡萄酒带有金属般的味道，能将二氧化硫还原成硫化氢并漂白葡萄酒。

葡萄酒中铝含量的上限一般为 1mg/L 左右，但不同的葡萄酒对铝的最大耐受量有所不同，其中 pH 值有重要影响。含酸量越高，结合态的铝就越多，也越不易形成沉淀，

铝污染的一个重要来源是铝制设备，尤其是内镀膜缺失或损害的铝制设备，葡萄汁（酒）会侵蚀、溶解铝。下胶剂是铝的另一个来源，例如膨润土是一种硅酸铝黏土，下胶后可以使铝含量增加到 2mg/L。

鉴别方法：

① 葡萄酒中浑浊的状态从淡淡的不透明到浑浊且有沉淀，与污染程度有关。

② 加入盐酸沉淀溶解，但加入过氧化氢或亚硫酸不发生变化。

③ 蛋白质实验呈阴性，加热或者冷却都不会影响铝浑浊形成。

二、蛋白质浑浊

葡萄酒是一种胶体溶液，既含有分子状态的胶体物质（多糖、树胶、黏液质），还含有蛋白质，都会引起酒浑浊和沉淀。

蛋白质浑浊产生的原因是酒中含有热不稳定葡萄蛋白，在葡萄酒温度上升时，蛋白质缓慢发生变性，形成沉淀，或葡萄酒中含有的过量蛋白与木塞释出的微量单宁结合形成白色絮状物，尤其是在白葡萄酒中，最常涉及的葡萄品种有麝香葡萄、琼瑶浆和赛美蓉，含量的多少取决于气候和葡萄的成熟度，成熟度越高，蛋白质含量越高。

引起浑浊的蛋白质的分子量为 40000～200000，等电点为 pH 4.8～5.7，pH 值接近葡

萄酒中蛋白质的等电点时，将出现较多的沉淀。

（1）鉴别方法

① 极细小的雾状沉淀，并具有原葡萄酒色泽。

② 特殊检验：在浑浊葡萄酒中加入几滴盐酸后浑浊加重，但在80℃条件下，沉淀物被溶解。

（2）防治措施

① 冷处理：促进蛋白质絮凝沉淀，但不完全。

② 加热处理：根据蛋白质加热即凝结的原理，热处理后过滤可将它除去。加热处理后，如再进行冷冻处理则效果更佳。

③ 加胶应经下胶试验，避免下胶过量。下胶处理时，合理应用膨润土（200～800mg/L），可除去过量蛋白质。

三、酒石浑浊

葡萄汁中含有大量酒石酸（占全部有机酸总量的50％以上），与设备、过滤介质中的钾、钙等金属反应生成酒石酸氢钾、酒石酸钙等盐，其溶解性受到 pH、酒度和温度的影响。另外，苹乳发酵、SO_2 处理等因素也可引起酒石沉淀，结晶如石，往往沉于容器的底部，会使酒的颜色和酒体发生变化。

（1）鉴别方法

① 葡萄酒透明，沉淀物为晶体，并有葡萄酒色泽（酒石结晶的析出）。如将酒瓶倒转，酒石结晶下降速度很快。

② 特殊检验

a.酒石酸氢钾沉淀　在煤气灯上燃烧时，火焰呈紫色；结晶具有酸味；结晶在开水、盐酸溶液和碱溶液中溶解。

b.酒石酸钙沉淀　沉淀物在煤气灯上燃烧时，火焰发出白光（石灰色）；沉淀在盐酸溶液中溶解，溶解后加硫酸出现白色沉淀；溶解在微酸性溶液中，可与草酸反应生成白色沉淀。

（2）防治措施

① 冷处理可加速酒石结晶沉淀，通过过滤或离心将沉淀去除。

② 加入偏酒石酸。偏酒石酸是酒石酸的高效抗结晶剂，可包围酒石晶核，阻止酒石长大，保证葡萄酒在较长时间内不出现酒石酸盐结晶。

③ 热处理促进结晶核的溶解，抑制酒石的结晶沉淀。

四、棕色破败

棕色破败又叫氧化破败。如果将葡萄酒置于空气中，感病葡萄酒则会变浑。红葡萄酒的颜色带棕色，甚至带巧克力色或煮栗子水色，颜色变暗发乌，此后出现棕黄色沉淀。白葡萄酒得了此病，酒变青，酒质发浑，最后变成棕黄色，形成的沉淀比红葡萄酒的少。

（1）鉴别方法

① 沉淀物不能溶于10％的盐酸。

② 沉淀物能完全烧尽，沉淀物经乙醇洗涤后添加浓硫酸，微温后得红色物、暗红色物

以至于成黑液体。

③ 患病葡萄酒有不同程度的氧化味和煮熟味。

④ 酒味变得平淡，甚至发苦。

（2）产生原因　棕色破败病是多酚氧化酶活动的结果。霉变葡萄浆果中的酪氨酸酶和漆酶可强烈氧化葡萄酒中的色素，将其转化为醌，醌可聚合为不溶性物质——黑素。

灰霉病侵染的葡萄中漆酶含量高，用这些霉烂葡萄酿造的葡萄酒接触空气后易感染棕色破败病。

（3）防治措施

① 加强工艺控制，发酵时严格分选，剔除病烂果。

② 用霉变原料酿造葡萄酒时，提高 SO_2 含量。

③ 对葡萄醪（酒）进行热处理，杀死多酚氧化酶。

④ 用膨润土处理，可以除去酶的蛋白质部分，也可沉淀以胶体存在的色素。

⑤ 已发生棕色破败的酒，可在 70～75℃ 杀菌后，于密封的条件下过滤。

铜是氧化酶的有效成分之一，减少酒中铜含量也可起到防治作用。而抗坏血酸可将棕色醌类化合物还原，因此对防治棕色破败病也是有效的。

五、色素浑浊

红葡萄酒色素是多酚类化合物，主要由花色苷和单宁组成，它们的性质较为活泼，容易受光照、温度和氧的影响。在储存陈酿过程中，花色苷、单宁产生分解、聚合等作用，导致胶体颗粒不断增大，最后颜色发生改变或产生沉淀。

（1）鉴别方法

① 葡萄酒在 0℃下保持 12h 以上，如出现红色沉淀，则为色素不稳定。

② 沉淀物能完全烧尽，添加浓硫酸微温后得红色的、暗红色的或黑色的沉淀。

（2）防治措施

① 冷冻处理使色素胶体凝结，之后下胶过滤。

② 色素要彻底溶化后，加入搅匀。

③ 用膨润土处理，可与色素胶体凝结、沉淀。

④ 最后一次过滤后装瓶前，加入保护性胶体，如阿拉伯树胶。

第三节　不良风味

一、鼠味

葡萄酒出现某些乳酸菌和（或）酒香酵母破败后产生特殊的令人不愉快的味道或口感，类似鼠味。这些微生物受二氧化硫的抑制，恰当消毒和有效使用二氧化硫可以达到预防鼠味产生的目的。

能品尝出鼠味这个缺陷的人不多，一旦感知就会令人非常不悦，离开口腔后，味道会变得更明显。葡萄酒一旦产生鼠味，不可能在不破坏葡萄酒的情况下将其去除，因此应注重预防。

二、天竺葵气味

这种气味偶尔产生于干红葡萄酒中，来自于细菌（乳酸菌）对山梨酸（真菌杀菌剂用于杀死酵母菌和霉菌）的分解，因此可以通过抑制细菌的生长和不向红葡萄酒中添加山梨醇来防治。而在保证游离二氧化硫（20～30mg/L）的情况下，山梨酸可以添加于白葡萄酒中。

三、马德拉化

马德拉化是由乙醛和多酚物质氧化引起，又称过氧化味。白葡萄酒由于氧化作用，颜色变为黄色、棕色，失去清爽感和果香。

马德拉化现象可通过加入抗氧化剂防止氧化，特别是 SO_2 还可与乙醛结合，可减少或去除氧化味。PVPP 可与葡萄酒中的多酚物质形成沉淀，防止白葡萄酒颜色变深，还可使马德拉化的葡萄酒重新具有清爽感。另外，葡萄酒颜色可通过用酪蛋白下胶使之变浅。

四、硫化氢

硫化氢是一种活性气体，在酒中形成后，使葡萄酒产生臭鸡蛋味（还原味）。硫化氢可由以下几种途径生成。

① 若发酵时有硫元素存在，所有的酵母就能将硫还原成硫化氢。硫可能来自葡萄园中使用的抑制真菌侵染的硫黄粉剂，或来自在橡木桶内燃烧硫黄片进行灭菌的残留。鉴于以上原因，一般不要在葡萄采摘前的四周内喷洒硫黄粉剂。同时，不提倡使用燃硫法进行橡木桶消毒。

② 在发酵过程中某些酵母可将二氧化硫还原成硫化氢。少数酵母可以还原硫酸盐，但不普遍。因此，发酵应筛选使用不能还原二氧化硫或硫酸盐的酵母进行。

③ 葡萄汁中无机氮含量不足时，酵母会分解葡萄汁中的蛋白质作为氮的来源。蛋白质中的含硫氨基酸，如甲硫氨酸、胱氨酸，会随蛋白质的降解以副产物的形式产生硫化氢，所以在发酵前可增加可利用的无机氮源，如磷酸氢二铵。

这种不良风味，可通过出罐或转罐过程中进行足够强的通气进行防止和去除，也可通过进行硫酸铜处理，具体的添加量由硫化氢的含量决定，进行实验室的预实验是必要的。

若硫化氢与醇类进一步转变成其他味道很大的物质，例如硫醇类、有机硫化物等，会使葡萄酒产生蒜味和洋葱味。这些物质沸点较高，比硫化氢更难除去。因此，一旦发现酒中有硫化氢生成，要在它转变成其他物质之前尽快除去。

五、挥发酸

葡萄酒被醋酸菌侵染，也可能被乳酸菌和某些酵母侵染，将乙醇氧化生成乙酸和乙酸乙酯。这些挥发酸的最低感受阈值根据酒的类型有所不同，乙醇含量越高，对挥发酸的耐受能力越高。通常可接受的最大含量一般为乙酸 0.8g/L，乙酸乙酯 0.15g/L。如果葡萄酒中出现了挥发酸，进行去除或纠正是很困难的，因此提前防范是非常重要的。

1. 导致产生挥发酸的条件

① 有破败微生物存在。

② 适宜的温度。醋酸菌在 28℃和 23℃时产生的挥发酸分别是 18℃时的 2 倍和 4 倍。

③ 空气。醋酸菌是好氧微生物，其生长需要和空气接触。

④ 二氧化硫浓度过低。二氧化硫对细菌生长无法起到抑制作用。

⑤ 酸量过低（pH 值高）。该条件促进乳酸菌生长，对醋酸菌也有较弱的促进作用。

⑥ 乙醇含量低。

2.预防挥发酸产生的方法

保持葡萄酒冷凉，不和空气接触，维持恰当的 pH 和二氧化硫含量。要定期添桶或严格密封，在不满的容器中，应用惰性气体去除上层空气。

六、软木塞污染

软木塞受到污染后会对装瓶后的葡萄酒带来异味，例如产生发霉的味道。软木塞在运输的过程中会吸收环境中的芳香剂及某些化学物质；软木塞加工过程中会产生 2,4,6-三氯苯甲醚（TCA），一些用于生产起泡酒瓶塞的胶类可产生丙烯酸丁酯；微生物也会侵染软木塞。这些因素在葡萄酒装瓶后将异味带到葡萄酒中，造成污染。

第十二章

葡萄酒的封装

葡萄酒的封装是葡萄酒生产的最终一道工序，它决定了葡萄酒的市场表现形式。不同的葡萄酒的封装所需要的封装工艺和包装材料不同，既突出葡萄酒间的差异性，又能确保成品酒的内在质量。

第一节　葡萄酒的质量检验和设备检验

装瓶前，必须对产品质量有所影响的因素进行细致的检测，一般情况下分为内在质量检验和外在质量检验。内在质量检验一般包括葡萄酒、软木塞、酒瓶、过滤机、洗瓶机、臭氧杀菌机、灌装机、压塞机等的检验；外在质量检验一般包括胶帽、标签及其他有关包装材料的质量检验。任何环节都要有相应的检验，否则就不能上市。

一、葡萄酒的质量检验

葡萄酒的质量（quality）即葡萄酒的优秀程度，它是产品的一种特性，且决定购买者的可接受性。葡萄酒的质量检验是人们为了反映葡萄酒的客观特性而人为采取的一些方法，主要包括感官指标、理化指标、卫生指标。

（1）感官指标　包括葡萄酒的外观（颜色、浓度、色调、澄清度、气泡存在与否及持续性）、香气（类型、浓度、和谐程度）、滋味（协调度、结构感、平衡性、后味等）、典型性（外观、香气与滋味之间的平衡性）。感官指标是评价葡萄酒质量最终及最有效的指标。

（2）理化指标　指由葡萄酒的成分（糖、乙醇、矿物质、香气成分、酚类物质、多糖、蛋白质、维生素、酵母、细菌等）所构成的指标，其对葡萄酒的风味及稳定性起着重要的作用。用理化指标对葡萄酒的大量和微量成分进行分析，是对感官指标分析不可缺少的补充。

（3）卫生指标　指葡萄酒中的微生物（酵母菌、细菌、大肠杆菌）和一些对人体健康有影响的限量成分指标。

二、软木塞和压塞机

对装瓶而言，软木塞的质量很重要，软木塞的密封效果是否良好与以下几个因素有关：弹性好，即压缩的塞子复原时速度快；处理前塞子的制备；灌装前对塞子表面进行的处理；

灌装前塞子的湿度；打塞时对塞子的均匀压缩；塞子内部结构缺陷的数量和种类。

软木塞要储存在 $15\sim25℃$、相对湿度在 $60\%\sim70\%$ 的环境中，使用前最多储存 6 个月。其含水量应在 $5\%\sim8\%$，可以通过称量塞子在 $105℃$ 的烤箱中加热前后的质量（重量）进行确定。如果湿度低于这个水平，其中的成分就太干，压缩时塞子就会破碎；如果湿度太高，塞子又太软，其上容易滋生霉菌。

当塞子装入瓶中时，瓶内就会产生相当大的压力。将一个长 44mm，直径 24mm 的塞子插入到瓶颈内径为 17.5mm 的标准瓶中，且葡萄酒液面在塞子下方 15mm 处就会由于对这个空间的压缩，而产生很高的压力。如果将酒平放，而插入后的塞子还没有完全膨胀恢复，这样的压力会推着葡萄酒进入塞子和玻璃之间。如果有空气存在于酒瓶的上部空间，就可能被压缩溶解到葡萄酒中，造成葡萄酒质量的降低。为了避免这个问题的发生，可以使用真空打塞机，它会在打塞时在塞子与液面之间的顶部空间产生真空；或者在瓶内顶部空间用二氧化碳充满。

软木塞封装是传统的工艺，而金属螺旋盖通常应用于新世界葡萄酒，很多著名高档酒都是采用螺旋金属盖。螺旋金属盖通常选用铝作为主体材料，盖内会使用一小块圆形的合成材料垫片来保证密封性。对一些适合尽早饮用的葡萄酒，尤其是白葡萄酒而言，使用螺旋金属盖通常能够更好地保持其果味。

三、酒瓶

酒瓶是直接用玻璃制成的，如果在灭菌后还没有完全冷却时，用新的收缩性薄膜包装，仍会发生污染。在葡萄酒灌装时可通过喷亚硫酸溶液或将酒瓶浸泡在亚硫酸溶液中。使用亚硫酸溶液进行空瓶灭菌所需的时间与溶液浓度有关。当瓶洗完毕后，灌装前需要干燥，以防止过多的二氧化硫留在葡萄酒瓶中。表 12-1 为 SO_2 浓度与处理时间的关系。

表 12-1 SO_2 浓度与处理时间的关系

$SO_2/(mg/L)$	处理时间/s
0.5	60
1.0	45
1.5	30
2.0	5

有足够的证据表明，日光照射对葡萄酒有不利的影响，可能引起葡萄酒的褪色和品质下降，而且对佐餐白葡萄酒的影响要大于红葡萄酒。酒瓶玻璃的颜色会影响这些变化，酒瓶玻璃有无色、各种各样的绿色及琥珀色等。总之，葡萄酒瓶不干净，主要表现在酒瓶壁含有异物、破裂、杂菌等。经过证实，光可检测出异物和破裂。用亚硫酸处理和热处理（巴氏消毒或瞬时高温）可除去微生物，达到消毒杀菌的目的。

四、灌装机

灌装之前的葡萄酒已经达到澄清。灌装机是灌装生产线的中心，灌装机的内外不锈钢都需要清洗。目前主要的灌装机类型有以下 4 种。

1. 自动虹吸式灌装机

这种灌装机按照虹吸原理工作，虹吸灌装对每一个瓶的开始和关闭都是通过将二氧化碳注入虹吸管来实现的。其优点是葡萄酒的液流缓慢稳定，不会产生紊乱；所使用的二氧化碳就成为了瓶中的保护性气体；葡萄酒从瓶子的底部加入，而且灌装机易于灭菌。其缺点是灌装时葡萄酒的填注高度很难精确控制。

2. 低压真空式灌装机

这种灌装机操作简单，易于清洗消毒，葡萄酒的液流缓慢稳定，能够可靠精准地控制葡萄酒填注高度，灌装机本身价格相对便宜。其缺点是不能防止氧气的进入。然而，可以使用二氧化碳预先将瓶充满，或者通过真空打塞或打塞前将二氧化碳充满上部空间以减少氧气的含量。这种灌装机不能用于起泡葡萄酒的灌装。

3. 反压灌装机

这种灌装机是最好的也是最贵的，可以处理所有类型的葡萄酒和蒸馏酒。其操作原理就是对瓶子预先进行真空处理，然后加压充入二氧化碳，再进行装瓶。这种方式对于起泡酒是必需的，对佐餐酒最好也能够这样灌装。其缺点是装瓶机是个压力容器，所以很昂贵；机械原理和所需操作都很复杂；除非加装自校准液面高度的系统，葡萄酒填注高度的精准性往往不够。

4. 底部装瓶的反压灌装机

这种灌装机主要用于啤酒厂的灌装作业，以防止泡沫产生。该设备减少了氧气含量，但设备复杂昂贵，在葡萄酒产业中使用较少。

五、瓶帽

瓶帽一般包括：PVC帽、铝塑帽、锡帽、螺旋铝帽。综合考虑各方面因素，PVC帽是最为经济的选择；锡帽成本高，但品质最好；铝塑帽比锡帽稍微便宜一点，质量稍差；螺旋铝帽要与螺旋瓶配套。

灌装时应保证装帽速度和灌装速度一致，要达到这样的目的，热缩帽要事先包装好，整条包装时之间的空间要尽量宽，以便分离，而且包装应该能够防止运输时可能造成的损坏。

六、标签和包装

标签是包装的关键要素，因此选择一个好的标签机非常重要。酒标有不干胶的和压敏的。前者比较便宜，而且容易使用，胶面有全部涂胶的、带状涂胶的和无痕揭去式的。全部涂胶的不干胶是最好的选择。在贴标和装箱之间，一定要空出足够的时间，让瓶上的标签充分干燥。从市场角度上看，压敏材料的酒标愈来愈流行，但因其耐凉和耐湿性比较差，所以很难在又凉又湿的瓶子上使用。

贴标是葡萄酒包装过程中最复杂、最难和成本最高的步骤。标签纸要具有耐磨性、耐水性、抗冻性、膨胀率小等特点。为了使贴标机正常工作，标签的储存非常重要，理想的储存条件为温度25℃，相对湿度75%。

第二节　酒瓶的选择与处理

葡萄酒瓶的应用是在17世纪之后，在此之前，葡萄酒一般放在木桶或者陶罐里。把葡萄酒装在玻璃瓶子里既方便存储又方便运输。为了使酒能水平放置，有利于酒的老熟，瓶子逐渐由开始的圆肚子瓶型演化成了今天的细长瓶型。

一、酒瓶的选择

1. 酒瓶的颜色

现在一般常用的葡萄酒瓶有翠绿、橄榄绿、墨绿等颜色，也有白色、蓝色、黄色、棕色等。白玻璃瓶阻挡紫外线和紫光，允许其他光通过，绿色玻璃瓶阻挡紫外线的能力更强，允许少量蓝光和黄光通过。因此，白色瓶子的使用率比有色瓶子的要低。

2. 酒瓶的形状与大小

大部分葡萄酒产区使用各具特点的瓶型，这与其所盛装的各种不同的酒的熟化条件不无关系，例如：需存放的时间长短和沉淀的多少等。如图12-1所示，法国各产区都有其相对固定的瓶型。如波尔多产区因沉淀物多必须使用醒酒瓶，所以瓶肩宽挺，类似中国的酱油瓶形状，是波尔多的法定瓶型，在法国只有波尔多产区的葡萄酒才有权利使用这种酒瓶，暗绿色的装红葡萄酒，淡绿色的装不甜的白葡萄酒，无色透明的装甜白葡萄酒；勃艮第产区为略带流线的直身瓶型，瓶肩平滑，从瓶颈到瓶身往下逐渐膨胀，主要是淡绿色系；罗纳尔河谷产区为略带流线的直身瓶型，比勃艮第产区的矮粗；香槟产区的为香槟酒专用瓶型，与勃艮第瓶型类似，但由于要承受 CO_2 的压力，所以制造的玻璃厚重，大多数是以暗绿色为主；阿尔萨斯产区为细长瓶型，是法国阿尔萨斯产区的特有瓶型，属于细长轻巧型，呈较浅的暗绿色；普罗旺斯产区为细高瓶型，酒瓶中央变细呈蜂腰形，颈部多一个圆环；卢瓦尔河谷产区为细高瓶型，近似阿尔萨斯瓶型。

图 12-1　法国不同产区的葡萄酒瓶

现在，葡萄酒酒瓶的瓶型发展很快，根据市场需要，在国家标准允许的条件下，很多新型瓶型和异型瓶型纷纭而出，更好地展现了葡萄酒的深厚内涵。葡萄酒酒瓶一般有1500mL、750mL、700mL、500mL、375mL、187mL的容量。

3. 酒瓶的检验

对于葡萄酒酒瓶来说，一般要对其公称容量、满口容量、瓶口内径、瓶口外径、瓶口

40mm 内径、瓶口加强环上端外径、瓶口加强环上端内径、瓶身外径、瓶身厚度、瓶底厚度、垂直轴偏差、瓶身椭圆度、口平面平行度、同一瓶壁厚薄比、同一瓶底厚薄比、抗热震性、耐内压力性、内表面耐水性、抗冲击性等项目进行质量检测。也可以对其主要项目，如公称容量、满口容量、瓶全高、瓶口内径、瓶口 40mm 内径、瓶身厚度、瓶底厚度、垂直轴偏差、口平面平行度、抗冲击性等直接关联到灌装质量和储存效果的项目进行检测。

二、酒瓶的处理

（一）洗瓶

一般情况下，葡萄酒灌装所用的酒瓶是未经使用过的新瓶子，现代灌装机上一般都会配套洗瓶机，只需要经臭氧杀菌和无菌水冲洗即可使用。浸洗瓶后要求瓶内无水印、刷子印、水锈、沙土、刷毛等杂物及脏物。瓶子要清亮透明，瓶口要完整，无裂纹缺口。

（二）酒瓶的杀菌

目前，臭氧在葡萄酒生产上主要应用于灌装用葡萄酒瓶的杀菌。有关臭氧杀菌的进口、国产设备也较多。其工作程序为：空瓶进入设备后，先进行臭氧浴液冲洗，倒空后用过滤的无臭氧水冲洗，之后再用无菌淡水冲洗，最后倒空后，借助吹风管用经过无菌过滤的空气吹风。虽然由于设备的不同，其作用方法有所差异，但杀菌后的空瓶经微生物检验，均能达到工艺要求，杜绝装瓶后出现微生物不稳定的现象。

1. 臭氧的杀菌作用

臭氧是目前已知可利用的最强的氧化剂之一，是一种高效广谱杀菌剂。臭氧可使细菌、真菌等菌体的蛋白质外壳氧化变性，可杀灭细菌繁殖体和芽孢、病毒、真菌等。由于臭氧具有无毒、无害、无任何残留的特点，因而被誉为当前世界上洁净的杀菌剂。

2. 臭氧的杀菌机理

臭氧以氧原子的氧化作用破坏微生物膜的结构，以实现杀菌作用。臭氧对细菌的灭活反应总是进行得很迅速，与其他杀菌剂不同的是：臭氧能与细菌细胞壁脂类的双键反应，穿入菌体内部，作用于蛋白质和脂多糖，改变细胞的通透性，从而导致细菌死亡。臭氧还作用于细胞内的核物质，如核酸中的嘌呤和嘧啶，破坏 DNA。臭氧首先作用于细胞膜，使膜构成成分受损伤，而导致新陈代谢障碍，臭氧继续渗透、穿透膜，破坏膜内脂蛋白和脂多糖，改变细胞的通透性，导致细胞溶解、死亡。

3. 臭氧应用时需注意的问题

（1）瓶内臭氧残留　在进行臭氧杀菌的操作过程中，一个比较重要的问题是酒瓶内臭氧的残留。如果酒瓶内臭氧或臭氧水残留过多，则会使葡萄酒在灌装后短期内氧化，致使酒体颜色变深，降低风味。针对此情况，必须密切监视其杀菌效果和设备的运转情况，以免因臭氧浓度过高或设备故障而导致瓶内臭氧残留。此外，葡萄酒瓶的质量也是一个因素。一般来说，内壁光洁度好的瓶的臭氧和臭氧水残留较低。

（2）二次污染　对葡萄酒生产来说，经臭氧杀菌后的水应杜绝二次污染，绝不能使杀菌后的瓶子残留富氧水，否则一旦染上微生物，损失十分惨重。所以，为了杜绝二次污染的发生以及所带来的后患，首先必须保证臭氧杀菌周围的环境卫生，包括水源的微生物问题，并且必须注意，一旦臭氧杀菌有了一定的时间间隔，则必须更换新水，尤其在夏季温度较高的情况下。

第三节　装瓶工艺

一、葡萄酒灌装设备

目前比较常用的葡萄酒灌装设备可分为等压灌装和负压灌装两种类型。其中等压灌装是借助储酒槽和酒瓶之间的势能差，通过虹吸作用来实现；而负压灌装是先将酒瓶内抽成真空形成负压状态，而有助于酒液流入瓶内。

装瓶过程中与葡萄酒质量相关的主要有以下几点。

1. 空间环境杀菌

灌装时要非常重视空间环境杀菌，一般用甲醛溶液熏蒸方法进行杀菌，即每立方米用甲醛（37%～40%）20mL，加20mL清水，盛于洁净的耐热容器中，用电炉加热法杀菌24h即可，之后空间取样检验杀菌效果。凡有条件的企业，可在适当部位安装正压无菌操作间。

2. 装瓶机关键部位的杀菌

装瓶机影响葡萄酒质量的关键部位主要有储酒槽、储酒管头、真空管路等。储酒槽一般用蒸汽或90℃左右的热水杀菌半小时；储酒管头用70%左右乙醇擦洗杀菌；真空管路在进空气的管路上安装过滤装置，以除去微生物。

3. 膜过滤的完整性检测

膜过滤的非破坏性完整性检测是保证葡萄酒微生物稳定性的一个非常重要的操作环节，是指在不影响薄膜正常使用的情况下对薄膜进行的测试，目的是确认薄膜完好，能否继续使用，确保过滤效果。

做完整性检测的注意事项是：使用的气体不能是空气和二氧化碳；测试必须是在蒸汽杀菌后进行；测试结果与标准不符时，首先检查密封件是否完好；被测试的滤芯必须是被水完全浸润的。

4. 瓶内葡萄酒的液位

首先，瓶内葡萄酒的液位必须保证葡萄酒的规定容量，在此前提下，不应过高或者过低。液位过高则会给压塞带来困难，随着温度的变化，可能会引起塞的移动和酒的渗漏；液位过低则会给酒太多的氧化空间，对酒的口感产生影响，也会给消费者一种容量不够或渗漏的错觉。

二、热灌装

目前葡萄酒灌装方式多采用冷灌装（即常温灌装），然而冷灌装的葡萄酒容易生长酵母和细菌。因此，对标准葡萄酒而言，热灌装是一种较好的选择，因为加热的同时可以对葡萄酒和酒瓶进行消毒，无须进行过滤除菌和微生物检测实验，热罐装的优势及不足如表12-2所示。由于这些原因热灌装技术逐步发展，这可以通过两种方式实现：

（1）在凉爽温度下灌装葡萄酒，然后对酒瓶和瓶中酒进行巴氏消毒。这是标准的啤酒灌装工艺。对于葡萄酒而言，一般先进行巴氏消毒，然后冷灌装，但这不属于热灌装。加热葡萄酒并灌装入瓶，然后自然冷却。余热可以对酒瓶和瓶盖一并消毒。

（2）葡萄酒可通过硅藻土、冷藏或离子交换进行冷热稳定处理，然后检查金属稳定性。

在实验室中，可将样品加热至80℃，持续6h，如果瓶中不浑浊，样品即为热稳定。随后将葡萄酒过滤，在热交换器中靠热水（非蒸汽）加热至53～55℃，然后在这个温度下灌装，之后封盖，翻转酒瓶使瓶盖也得到加热。

表 12-2　热灌装的优势及不足

优势	不足
车间投资低； 运行成本低； 加热能提升某些特定葡萄酒的品质； 在温暖和干燥的酒瓶上贴标更为容易； 可避免由于无菌测验导致的交货延迟，不需要定期进行常规测验	葡萄酒的新鲜感有所损失；　需要使用专业的温度控制设备，减少不必要的加热时间；　灌装后的葡萄酒冷却时会散失很多热量，而不能被利用，造成较高的能量成本；　需要耐热性较高的瓶塞，例如：软木塞上下不能带有低熔点的蜡层

果汁一般在72～75℃下进行热灌装，而葡萄酒的热灌装一般在53～55℃下进行。因果汁中没有乙醇，而在这个温度下，葡萄酒中的乙醇对微生物有足够的杀伤力，所以可以使用低一点的灌装温度。上述温度足以杀死可能在葡萄酒中生长的酵母和细菌。它们都不具有耐热性，而且也不会产生耐热性，热灌装及缓慢冷却过程很容易杀死它们，冷却经常在包装纸箱中进行，这样可以更好地保存热量。

加热使葡萄酒的温度从20℃升至55℃，体积大约会膨胀1.6%，这随着葡萄酒成分的差异有所不同。因此，酒瓶应装足够满（一瓶酒大约750mL），因为冷却后体积大约会减小12mL。瓶塞必须具有一定的耐热性。热灌装的葡萄酒冷却至室温的时间取决于酒瓶大小、室温、是否放入纸箱及其他因素。通常冷却所需要的时间为4～22h。应该注意的是，不要让葡萄酒与空气接触，在加热前和加热过程中都要注意这一点，在凉的葡萄酒中，氧气的溶解度较大，但热葡萄酒的氧化速率（不同于通气）要高得多。因此，对易氧化的葡萄酒，在装瓶过程中，不能含有溶解氧是至关重要的。

三、灌装中的浮泡

起泡酒瓶中的浮泡及喷射现象是非常不好的现象，会导致较高的花费。造成这个问题可能有几种原因，而且其发生是偶然的。开瓶时喷射会毁坏该酒的价值和影响销售，也会浪费大量的酒。在灌装时候，引起浮泡的原因是有其他气体，而非因为二氧化碳的存在。空气或者氮气在葡萄酒中的溶解度非常小，因此当开瓶释放压力时，溶解的气体会迅速释放形成小气泡，然后诱发大量溶解的二氧化碳的析出，引起泡沫。当采用管内二次发酵法生产起泡葡萄酒时，操作者要确保在闭罐加压前用二氧化碳取代罐中原有的空气。

灌装时和打塞前，剧烈的操作会导致浮泡。用重的金属物体对开瓶的葡萄酒进行击打，会形成壮观的喷射，形成更高的泡沫。灌装好的酒瓶到打塞机的通路如果不平，也会导致一定的浮泡。瓶中或酒中的微粒，或者酒瓶上的丝状裂纹也会导致浮泡。这些微粒包括酒石酸晶体、硅藻土颗粒、炭颗粒、软木渣。酒瓶内壁的缺陷性突起是泡沫形成的核心，有时候可能某一批次的酒瓶都会产生泡沫。

四、灌装温度对葡萄酒体积的影响

所有酒精饮料都会因为温度的变化而产生体积的变化，其变化的程度跟酒精饮料的成分有关。就葡萄酒而言，酒精是影响葡萄酒体积最主要的因素之一。酒度越高，体积变化的程度越大。室温下，乙醇的体膨胀系数是水的 4~5 倍，所以酒度越高，膨胀率越大。因此，采用软木塞密封葡萄酒时，我们要考虑温度对灌装葡萄酒体积的影响，避免瓶装酒发生涨塞。表 12-3 显示出不同酒度和含糖量的葡萄酒从 20℃升温到 40℃时酒液的膨胀体积。

表 12-3 在 20~40℃温度条件下的佐餐酒的热膨胀行为

酒度（体积分数）/%	含糖量/(g/L)	膨胀体积/(mL/L)
10	2	7.3
12	2	7.7
14	2	7.9
14	100	8.6
11.8		6.9
12		6.5
12.2	100	7.6

灌装温度、酒度、含糖量、膨胀体积决定葡萄酒灌装高度和顶空体积，其中，酒度是热膨胀最大影响因素。随着酒度或含糖量的升高，需增大顶空体积。以白兰地为例，酒精度 37.5%（体积分数）的白兰地，温度 20~25℃，每升温 5℃的膨胀体积为 3.5mL/L。

第四节　瓶塞选择与压塞工艺

在压塞这一工序过程中，与质量有关的主要因素是软木塞质量、瓶颈空间以及压塞机和输塞系统的杀菌。

目前葡萄酒的封口方式主要以软木塞为主。由于软木原料有高分子合成材料不可替代的许多特性，如密度低、弹性大、有韧性、不透水、不漏气、燃点低、对微生物和化学溶剂具有抗腐蚀性，是葡萄酒用软木塞理想的天然原料。

随着制造技术的不断提高，软木塞的种类也越来越多。通常葡萄酒用软木塞分三大类：第一类为天然整体软木塞；第二类为软木料粒经压聚成料坯加工成的聚合软木塞；第三类为两端贴天然软木片，中间夹聚合料坯加工而成的 1+1 贴片软木塞。天然软木塞通常采用高等级原料，聚合软木塞一般由较高等级和较适中的料粒，经过压聚成一定密度的料坯加工而成。在此基础上又衍生出许多品种，如聚四氯乙烯酒瓶塞、阿尔泰克瓶塞等。聚四氯乙烯瓶塞是在普通瓶塞表面覆盖一层特氟隆（即聚四氯乙烯）聚合物的微细粉末。与普通的酒瓶塞相比，这种光滑、不起化学作用的聚四氯乙烯酒瓶塞，易于塞紧与拔出，而且能更好地防止瓶内酒气的挥发。使用该酒瓶塞，不影响酒的美味与醇香，又能抵御任何溶液的侵蚀。阿尔泰克瓶塞是将软木分解成极小的软木微粒（<1.3mm），并依据其密度进行筛选，再加入合成的微球体，以重建原料的延展性，最后加入能保持其内聚性的黏合剂压制加工而成。

由于软木塞本身不可溶，其内含的全部聚合体组分都不能与葡萄酒相互作用，除非它们被酶分解或化学降解，形成可以被溶解提取的成分。唯一能够直接与葡萄酒相互作用的是单宁，部分单宁也可以从软木塞释放到葡萄酒中。最近的研究表明，软木中的单宁主要是浓缩单宁和水解单宁，在含乙醇的水溶液中可以被提取出来，它们具有独特的风味，可以影响一些葡萄酒的感官表现。研究人员对软木化学成分的深入研究正在进行。

当今对软木塞的研究，绝大多数关注软木的可释放成分，它们由多种低分子量物质混合而成，能够从软木塞进入葡萄酒，对酒的品质产生影响。从感官角度来说，如果其具有感官活性，并能够溶解于葡萄酒中，软木塞内痕量的这类物质就能够对葡萄酒产生影响。可提取成分可再分为挥发性成分和非挥发性成分（酚类化合物），可以根据目标通过不同的提取体系对它们进行研究，如单宁、香兰素、2,4,6-三氯苯甲醚（又叫茴香醚，TCA），它们是引起土味、霉味、朽味、软木塞味和口感变差的主要因素。其中，霉变污染的橡木塞会导致葡萄酒带有化学味的风味和口感，这样的污染可能从开始使用软木塞作为封瓶塞子的时候就存在了。

葡萄酒厂经常会遇到软木塞滋生大量蛀虫问题，这种虫子会叮入瓶装葡萄酒的软木塞中。最好的办法是彻底清除软木塞蛀虫的幼虫赖以生存的有机残留物，同时在暖和的天气里每周使用增效醚除虫菊酯杀虫剂进行喷雾处理。

除了以上这些因素，我们在选择软木塞的同时，还应对其清洁度、色泽、图案、异味、弹性、黏合性、涂层、规格尺寸、生物菌落进行检验，确认其达到使用要求。

此外，对软木塞、输塞管路、压塞夹头用亚硫酸、甲醛或乙醇进行杀菌，以最大限度地预防杂菌感染。压过塞的酒经过贴标、卷纸、装箱等包装工序就可以销售了。

近年来，金属螺旋帽由于使用方便，价格低廉，且工艺简单，深受新世界国家人们的青睐。此外，金属螺旋帽密封不会使葡萄酒有软木塞味，又能有效防止空气的进入，较大程度地防止葡萄酒逃味、氧化变质。这是因为只要帽的外部不被破坏，螺旋帽垫片可以提供可靠的密封，长期阻隔氧气和其他气体的侵入。

第五节　葡萄酒的储藏与运输

葡萄酒的储藏条件直接影响到葡萄酒的品质，或使先前所有的艰辛的工作毁于一旦。因此，无论对于技术人员、生产人员还是销售人员，都必须熟知影响葡萄酒质量的储存因素。

打塞（或封帽）后合适的处理措施对产品瓶储成熟和灌装之后的品质非常重要。储存期间酒瓶要摆放整齐，堆叠合理，储存温度要适宜，运输条件要良好。这些措施可以避免葡萄酒的外在破坏。这并不复杂，但需要始终遵循。瓶储葡萄酒中质量的影响因素有以下几个。

一、温度

酒窖最理想的温度约在13℃，不过最重要的是温度需恒定，因为温度变化造成的热胀冷缩最易让葡萄酒渗出软木塞外，使酒加速氧化。所以只要能保持恒温，10～20℃都可接受，不过太冷的酒窖会使酒成长缓慢，需等更长的时间，太热则又成熟太快，较不丰富细致。通常地下酒窖的恒温效果最好，入口处最好设在背阳处，以免进出时影响温度。

二、湿度

70%左右的湿度对酒的储存最佳，太湿容易使软木塞及酒的标签腐烂，太干则容易让软木塞变干失去弹性，无法紧封瓶口。

三、光度

酒窖中最好不要留任何光线，因为光线容易造成酒的变质，特别是日光灯和霓虹灯易让酒产生还原变化，发出浓重难闻的味道。香槟酒和白葡萄酒对光线最敏感，要特别小心。

四、通风

葡萄酒像海绵吸水一样，常将周围的味道吸到瓶中去，酒窖中最好能够通风，以防止霉味太重。此外，也需要避免将洋葱、大蒜等味道重的东西和葡萄酒放在一起。将葡萄酒储藏在冰箱中，会导致冰箱味渗透到酒里。

五、振动

即使没有太多的科学根据，但一般爱酒者还是会认为过度的振动会影响葡萄酒的品质，例如长途运输后的酒需经数日才能稳定其品质便是最好的证明，所以还是尽量避免将酒搬来搬去，或置于经常振动的地方，尤其是年份久的老酒。

六、摆置

传统摆放酒的方式是将酒平放，使葡萄酒和软木塞接触，以保持其湿润。因为干燥皱缩的软木塞无法完全紧闭瓶口，容易氧化。但最近的研究发现留存瓶中的空气是造成因热胀冷缩使葡萄酒流出瓶外的主因，传统平放方式会加大这种效应。最好是将酒摆成 45°，让瓶塞同时和葡萄酒以及瓶内空气接触。不过这种方法不方便，目前还未被普遍采用。

七、其他因素

即使在同一酒窖中，其储存条件也有微小的差别，例如较高的位置温度比较高、光线较亮。位置安排时可将较耐存的酒（如红葡萄酒）放于高处，而将香槟、白葡萄酒等较敏感的酒放于低处。

参 考 文 献

［1］ Amachi T. Chemical structure of a growth factor（TJF）and its physical significance for malo-lactic bacteria. In：Lactic Acid Bacteria in Beverages and Foods. Carr J G，Cutting C V，Whiting G C（Eds.），pp. Academic Press，London，1975：103-118.

［2］ Bartowsky E J，Henschke P A. The "Buttery" Attribute of Wine-Diacetyl-Desirability，Spoilage and Beyond. Butter or no butter. In：Proceedings of the XVIes Entretiens Cientifiques Lallemarnd. Oporto，Portugal，2004：11-17.

［3］ Cox D J，Henick-Kling T. Chemiosmotic energy from malolactic fermentation. J Bacteriol，1989（171）：5750-5752.

［4］ Cox D J，Henick-Kling T. Proton motive force and ATP generation during malolactic fermentation. Am J Enol Vitic，1995（46）：319-323.

［5］ Davis C R，Wibowo D，Fleet G H，Lee T H. Properties of wine lactic acid bacteria：their potential ecological significance. Am J Enol Vitic，1988（39）：137-142.

［6］ Du Plessis，W D L.，Van Zyl J A. The microbiology of South African winemaking：Part Ⅳ. The taxonomy and incidence of lactic acid bacteria from dry wines S Afr J Agric Sci，1963（6）：261-273.

［7］ Firme M P，Leitao M C，San Ramao M V. The metabolism of sugar and malic acid by *Leuconostoc oenos*：effect of malic acid，pH，and aeration conditions. J Appl Bacteriol，1994（76）：173-181.

［8］ Garvie E I，Mabbitt L A. Stimulation of growth of *Leuconostoc oenos* by tomato juice. Arch Microbiol，1967（55）：398-407.

［9］ Arvie E I. Genus Pediococcus. In：Bergey's Manual of systematic Bacteriology. Seath P H A，Mair N S，Sharpe M E，Holt J G.（Eds.）.，The Williams and Wilkins Co.，Baltimore，MD，1986：1075-1079.

［10］ Lafon-lafourcade S，Carre E.，Ribéreaugayon P. Occurrence of lactic acid bacteria during different stages of vinification and conservation of wines. Appl Environ Microbiol，1983（46）：874-880.

［11］ Liu S Q，Pritchard G G.，Hardman M J.，Pilone G J. Occurrence of arginine deiminase pathway enzymes in arginine catabolism by wine lactic acid bacteria. Appl Environ Microbiol，1995（61）：310-316.

［12］ Occurrence and growth of lactic acid bacteria in wine. A review. Am J Enol Vitic，36：302-313.

［13］ Olsen E B. The use of ML starter cultures in the winery. In：Proceedings of the New York Wine Industry Workshop. Henick-Kling T.（Ed.），Geneva，NY，1994：116-119.

［14］ Osborne J P，Mira de Orduna R，Pilone G J，Liu S Q. Acetaldehyde metabolism by wine lactic acid bacteria. FEMS Microbiol Lett，2000（91）：51-55.

［15］ Pilone G J，Clayton M G，van Duivenboden R J. Characterization of wine lactic acid bacteria：single broth culture for tests of heterofermentation，mannitol form fructose and ammonia from arginine. Am J Enol Vitic，1991（42）：153-157.

［16］ Sauvageot F，Vivier P. Effects of malolactic fermentation of sensory properties of four Burgundy wines. Am J Enol Vitic，1997（48）：187-192.

［17］ Veiga-da-Cunha M，Santos H，van Schaftingen E. Pathway and regulation of erythritol formation in Leuconostoc oenos. J Bacteriol，1993（175）：3941-3948.

［18］ Wibowo D，Eschenbruch R，Davis C R，Fleet G H，Lee T H. Occurrence and growth of lactic acid bacteria in wine. A review. Am J Enol Vitic，1985（36）：302-313.

［19］ Bryce Rankine. Making Good Wine. Australian，2004.

［20］ Roger B. Boulton. Principles and Practices of Winemaking，1996.

［21］ Keith Grainger，Hazel Tattersall. Wine Production：Vine to Bottle，2005.

［22］ 李华，王华，袁春龙，王树生. 葡萄酒工艺学：第 2 版. 北京：科学出版社，2007.

[23] ［法］卓诺（Peynaud Emile）著. 葡萄酒科学与工艺. 朱宝镛等译. 北京：中国轻工业出版社，1992.

[24] Robinson（ed）J. The Oxford Companion to Wine. Third Edition，Oxford：Oxford University Press，2006：593.

[25] Lucy Shaw. Saignée rosé "not true rosé"，The Drinks Business，2012.

[26] Murat M L. Acquisitions récentes sur l'arôme des vins rosés，Partie Ⅰ：Caractérisation de l'arôme，Etude du poten-
tiel aromatique des raisins et des moûts. Revue des oenologues，2005，117：27～30.

[27] UOASE. Guide du viticulteur. Lille：Documentation Agricole，1983.

[28] Bryce C Ranki. Making Good Wine. Australian，1989.

[29] Ribereau-Gayon P，Dubourdieu D，Donèche B，Lonvaud A. Traite d' oenologie：1. Microbiologie du vin：Vinifica-
tions. Paris：Dunod，1998.

[30] Flanzy C. Oenoloie：fondements scientifiques et technologiques. Paris：Tec and Doc，1998.

[31] Navarre C，Langlade F. L' oenologie. 5e Edition. Paris：Tec and Doc，2001.

[32] Julia L. Frozen Vines（and Fingers）Yield a Sweet Reward . New York Times，2010.

[33] OIV. Code international des pratques oenologiques. Paris，2015.

[34] Monty W. Biodynamic Wine Guide 2011. Matthew Waldin，2010：9-76.

[35] Stevenson T. The Sotheby's Wine Encyclopedia（4th Edition）. Dorling Kindersley，2005：169-178.

[36] 李华. 广适性欧亚种优质酿酒葡萄品种及其适应性和区域化问题探讨. 吐鲁番：全国葡萄科学讨论会，1988.

[37] Marcel E. Le Cognac：sa ditillation. Memeoire Univ. Montpellier，1984.

[38] Peynaud. Connaissance et travail du vin. Paris：Dunod，1981.

[39] Pomerol C. Terroirs et vins de France. Pairs：TOAL Edition-Presse. Reglement CEE No. 1576/89，1984.

[40] 杨景贤，唐毅锋. 用气相色谱-质谱联用技术鉴别法国白兰地酒的真伪优劣. 化学世界，1984（1）：10-13.

[41] 张春晖，李锦辉，李华. 葡萄酒的胶体性质与澄清. 酿酒科技，1999（04）：16-18.

[42] 张宇. 葡萄酒过滤系统的工艺改进与优化. 天津大学，2012.

[43] 谢达忠. 葡萄酒的稳定性与破败病. 食品科学，1984（06）：41-46.

[44] 张宁波，徐伟荣，王振平. 葡萄酒浑浊、不稳定的原因与对策. 中外葡萄与葡萄酒，2014（01）：59-62.

[45] 汤小宁，潘春云，李洁玉. 葡萄酒非生物不稳定性的处理方法及其稳定性试验. 中外葡萄与葡萄酒，1999（01）：
52-53.

[46] 邱冬梅. 葡萄酒非生物不稳定性的防治. 江苏食品与发酵，1996（04）：12-15.

[47] 张文英，徐彤宝. 提高并稳定山葡萄酒澄清度的技术措施. 中国林副特产，2001（2）：19.

[48] 张新杰，王记侠，任玉华，等. 葡萄酒浑浊与沉淀的原因及其预防. 中外葡萄与葡萄酒，2008（01）：52-55.

[49] 尹建邦，王焕香，张辉，等. 浊度在葡萄酒蛋白稳定和过滤控制中的应用. 中外葡萄与葡萄酒，2011（11）：
58-59.

[50] 王华，李华. 葡萄酒的冷处理. 葡萄栽培与酿酒，1996（02）：35-37.

[51] 刘涛，张军，闫军，等. 红葡萄酒新冷冻方式的探讨. 酿酒，2008（05）：77-79.

[52] 刘月华，施云芬，谭海峰. 超过滤膜在葡萄酒酿造中的应用. 酿酒，2006（03）：89-90.

[53] 吴军，张军，尹吉泰，等. 错流过滤技术在干红葡萄酒冷稳定环节中的应用. 酿酒科技，2006（4）：81-83.

[54] 严斌，陈晓杰，李伟. 电渗析法在葡萄酒冷稳定处理中的应用研究. 中国酿造，2007（3）：25-27.

[55] 李新榜，郭永欣. 葡萄酒下胶澄清工艺技术的探讨. 中外葡萄与葡萄酒，2003（6）：48-50.

[56] Bryce Rankine. Making Good Wine. Australian，2004.

[57] Palacios V M，Cao I，Perez L. Application of Ion Exchange Techniques to Industrial Process of Metal Ions Removal
From Wine，2001，Adsorption 7：131-138.

[58] Ribereau-Gayon P，Dubourdieu D，Doneche B，Lonvaud A. Handbook of Enology. Volume 1：The Microbiology of
Wine and vinification 2nd Edition，1998.

[59] Traite d'oenologie：2. Chimie du vin：Stabilisation et traitements. Paris：Dunod.

[60] 博坦等著. 葡萄酒酿造学——原理及应用. 赵光鳌等译. 北京：中国轻工业出版社，2001.

[61] 李华. 现代葡萄酒工艺学. 西安：陕西人民出版社，1999.

[62] 高孔荣. 发酵设备. 北京：中国轻工业出版社，1991.

[63] 高树贤. 葡萄酒工程学. 西安：陕西人民出版社，1998.

[64] Bryce Rankine. 酿造优质的葡萄酒. 马会琴，邵学东，陈尚武译. 北京：中国农业大学出版社，2008.

[65] 张会宁. 葡萄酒生产实用技术手册. 北京：中国轻工业出版社，2015.

[66] Tyson Stelzer 著. 驯服螺旋帽：葡萄酒密封技术的革命. 廖祖宋，宋利珍，王春晓译. 北京：中国农业大学出版社，2013.

[67] 高年发. 葡萄酒生产技术. 第 2 版. 北京：化学工业出版社，2012.

[68] 朱宝镛. 葡萄酒工业手册. 北京：中国轻工业出版社，1995.

[69] ［荷兰］克里斯蒂亚·克莱克，崔彦志，郭月，梁百合译. 葡萄酒百科全书. 上海：上海科学技术出版社，2010.